T0130179

Smart und digital

Klaus Henning

Smart und digital

Wie künstliche Intelligenz unser Leben verändert

Klaus Henning
Aachen, Deutschland

ISBN 978-3-662-59520-6 ISBN 978-3-662-59521-3 (eBook)
https://doi.org/10.1007/978-3-662-59521-3

Die Deutsche Nationalbibliothek verzeichnet diese Publikation in der Deutschen Nationalbibliografie; detaillierte bibliografische Daten sind im Internet über http://dnb.d-nb.de abrufbar.

Fotonachweis Umschlag: (c) stock.adobe/DmitrySteshenko
Umschlaggestaltung: deblik Berlin

Springer ist ein Imprint der eingetragenen Gesellschaft Springer-Verlag GmbH, DE und ist ein Teil von Springer Nature.
Die Anschrift der Gesellschaft ist: Heidelberger Platz 3, 14197 Berlin, Germany

Vorwort

In meinem Studium habe ich schon vor 50 Jahren etwas über neuronale Netze gelernt. Damals war es für mich eine sehr spannende Entdeckung, dass man die Grundfunktionen einer Nervenzelle eines Lebewesens durch ein Rechenprogramm nachbilden kann. Ein solch neuronales Netz ist in vereinfachter Form im Abb. 1 dargestellt. Es enthält viele parallele Inputs, die alle auf eine erste versteckte Schicht einwirken. Diese Schicht besteht aus Knoten und jeder Knoten bekommt alle Informationen aller Inputs.

Jeder Knoten verarbeitet und gewichtet diese Informationen und gibt sie an alle Knoten der nächsten Schicht weiter. Am Ende landet man dann bei einer Output-Schicht.

Diese Output-Schicht wird nun als zusätzliche Input-Schicht verwendet. Durch diese Rückführungen lernt das neuronale Netz an seinen eigenen Ergebnissen.

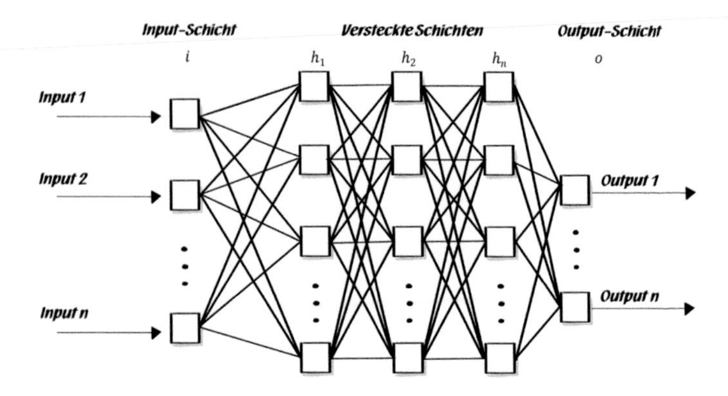

Abb. 1 Darstellung des Aufbaus eines neuronalen Netzes (https://de.wikipedia.org/wiki/Künstliches_neuronales_Netz)

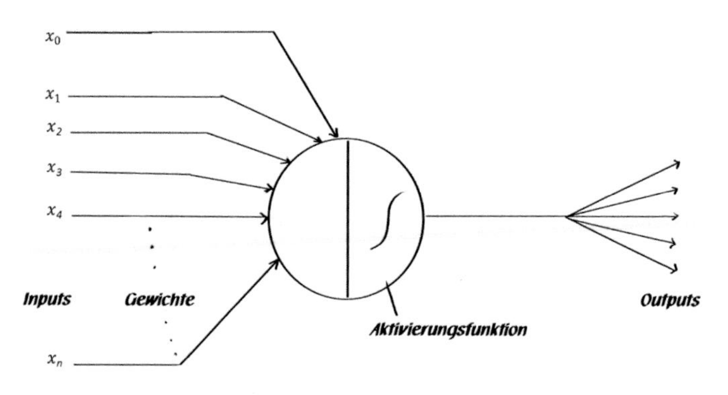

Abb. 2 Aufbau der Nachbildung einer Nervenzelle (ebenda)

Jeder Knoten ist dabei wie eine Nervenzelle aufgebaut (Abb. 2). Während meines Studiums habe ich zudem etwas über den Aufbau einer solchen Nervenzelle gelernt.

Ich war von der unglaublichen Vielfalt und Redundanz der Natur im Umgang mit Informationen beeindruckt. Da wird jede Information von außen mit unterschiedlichen Gewichtungen in jeder Nervenzelle verarbeitet und führt zu einer Nachricht, der sogenannten Aktivierungsfunktion, die dann allen Knoten der nächsten Schicht zugeleitet wird.

Rein theoretisch war uns demnach schon vor 50 Jahren klar, dass das eine ziemlich schlaue Konstruktion ist, mit der man viel machen kann. Einige renommierte Wissenschaftler haben dieser Entwicklung eine große Zukunft vorausgesagt. Das erwies sich aber in den folgenden Jahrzehnten als nicht haltbar. Die Zeit war noch nicht reif. Technisch war das viel zu aufwendig und schien in absehbarer Zeit in der technischen Entwicklung keine Bedeutung zu haben.

Es sollte anders kommen.

Es blieb damals der Respekt vor der gewaltigen Leistung der Natur, ihrem verschwenderischen Aufwand. Ich lernte, dass allein der Kniesehnenreflex beim Froschschenkel über ein Dutzend hoch komplexe parallele Regelkreise enthält, von denen jeder voll mit Neuronenbahnen ist, die wiederum aus unzähligen Schichten neuronaler Netze bestehen.

Ich kam zu dem Schluss: In der Technik gestalten wir das einfacher. Man muss es doch nicht so kompliziert machen, bloß um den Kniesehnenreflex bei einem Froschschenkel zu stabilisieren.

Es sollte anders kommen.

Natürlich habe ich dann später – also vor 40 Jahren – in meinen Vorlesungen der Kybernetik erzählt, was alles möglich ist. In meinen Unterlagen fand ich auch ein Bild zur automatischen Abrechnung von Bußgeldern (Abb. 3).

Ich war damals der Auffassung, dass das ganz schnell kommen würde. Und obwohl es schon seit 40 Jahren technisch realisierbar ist, gibt es meines Wissens noch kein System, bei dem die automatische Abbuchung der Bußgelder mit den Anzeigen in der eigenen Wohnung gekoppelt ist. Dadurch könnten alle Familienmitglieder völlige Transparenz haben und gleich mitbekommen, wo welches Familienmitglied zu schnell gefahren ist.

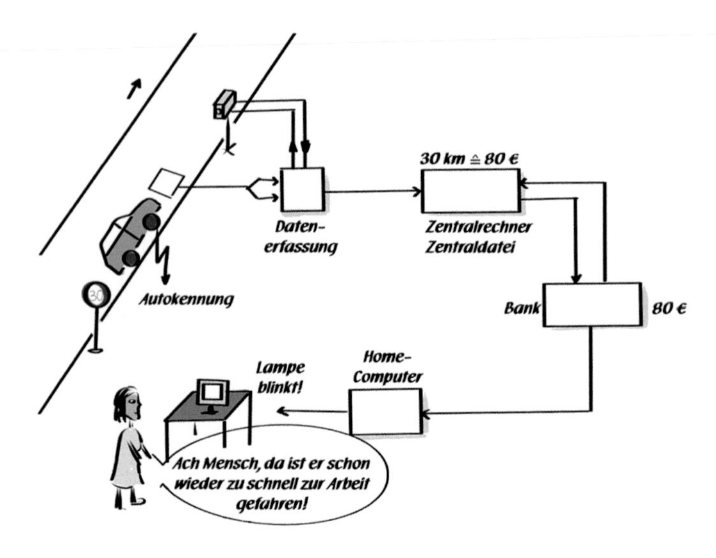

Abb. 3 Der Bußgeldautomat, eine Vision von 1985 (Henning, Klaus: Kybernetische Verfahren der Ingenieurwissenschaften. Mainz, Aachen 1986)

Aber genug zur Vergangenheit. Künstliche Intelligenz ist heute ein mächtiges Werkzeug, dessen grundsätzliche mathematische Konstruktion schon seit zwei Generationen existiert. Jetzt erst führt es zu dramatischen Veränderungen der Wirklichkeit unseres Lebens und Arbeitens.

Die noch immer andauernde Erhöhung von Rechnerkapazitäten hat es ermöglicht, nahezu unbegrenzt Daten weltweit auszutauschen und zu verarbeiten. Gleichzeitig werden die Computer immer kleiner und auch hier ist das Ende noch nicht absehbar.

Andererseits gibt es immer wieder das Phänomen, dass technische Entwicklungen möglich sind, sich aber nicht durchsetzen und verbreiten. Insofern hat jede Vorhersage, wann welche Form von Künstlicher Intelligenz in welchen

Bereich unseres Lebens eindringen wird, ein enormes Maß an Unbestimmtheit.

Was wir aber aus der bisherigen Entwicklung sagen können: Wenn sich Systeme der Künstlichen Intelligenz verbreiten, dann geschieht dies extrem schnell und weltweit. Das können wir in einigen Bereichen beobachten. Wenn Künstliche Intelligenz aber mit den realen Dingen dieser Welt zu tun hat, dauert es oft viel länger als erwartet.

Mit diesen Vorbemerkungen lade ich Sie jetzt ein, mit mir eine Reise zu beginnen. Dazu habe ich in diesem Sachbuch neben theoretischen Fakten auch meine persönlichen Erfahrungen und Einschätzungen niedergeschrieben. Die positive Haltung zur digitalen Transformation mit Künstlicher Intelligenz entspricht meiner Überzeugung. Über die negativen und risikobehafteten Aspekte wird sehr viel geschrieben und diskutiert. Deshalb werden wir diese Aspekte nicht vertiefen, sondern die Chancen in den Vordergrund stellen. Auf dieser Reise werden wir sehen, wie diese Welt durch Künstliche Intelligenz verändert worden ist und noch verändert werden wird. Dass diese Veränderung zum Wohl der Menschen gelingt, wird die Herausforderung der nächsten Jahrzehnte sein.

Aachen
im Sommer 2019

Klaus Henning

Danksagung

Ich bedanke mich bei allen, die mich auf dem Weg zu diesem Buch begleitet haben. Sabina Jeschke hat mir geholfen, die weitreichenden Perspektiven der Künstlichen Intelligenz zu erschließen. Stephanie Bauduin hat in unermüdlicher Kleinarbeit inhaltliche und formale Details bearbeitet und die meisten der Bilder designt. Viele andere haben durch ihr intensives Feedback zum Gelingen des Buches beigetragen – Renate Henning, Andrea Heide, Tobias Meisen, Robert Henning, Max Haberstroh, Teresa Merz, Thomas Bergedieck, Susann Morgenstern und Rainer Bernhardt.

Inhaltsverzeichnis

Über den Autor

Univ.-Prof. Dr.-Ing. Klaus Henning studierte Elektrotechnik und Politische Wissenschaften, promovierte über Mensch-Maschine-Systeme und habilitierte über Entropie in der Systemtheorie. Er hat über 40 Jahre Berufserfahrung. Er war 25 Jahre lang Leiter des größten Institutsclusters für Kybernetik, das Cybernetics Lab der RWTH Aachen University. Jeweils einige Jahre war er Mitglied im Präsidium des VDI, Prorektor für Finanzen der RWTH und Dekan der Fakultät für Maschinenwesen der RWTH. Viele Jahre war er Mitglied des Universitätsrats der

Universität des Saarlands, Aufsichtsratsvorsitzender der Xenium AG, München, Mitglied des wissenschaftlichen Beirats des Wirtschaftsrats der CDU sowie zahlreicher anderer Beiräte im akademischen und industriellen Umfeld. In seiner Universitätstätigkeit verantwortete er über zwei Jahrzehnte lang die Grundlagenausbildung für Informatik im Maschinenbau, sowie für Organisations- und Kommunikationsentwicklung als Pflichtveranstaltung für bis 1400 Studierende pro Jahrgang.

Seit den 90iger Jahren ist er Senior-Partner in einem Beratungsunternehmen für nachhaltige Changeprozesse und Mitglied des Vorstands des Instituts für Unternehmenskybernetik an der RWTH Aachen.

Derzeit kommen die meisten von ihm betreuten Kunden – meist auf Vorstands- und Abteilungsleiterebene – aus der IT-Branche, universitären Krankenhäusern und der Zulieferindustrie des Maschinen- und Anlagenbau, der Auto motive Branche, der Luft- und Raumfahrtindustrie sowie der Logistik.

Er hat – zusammen mit zwei Kollegen – 2011 bis 2012 den Zukunftsdialog der Bundeskanzlerin „Wie wollen wir leben?“ wissenschaftlich koordiniert.

Seine Erfahrungen hat er in einem Buch „Die Kunst der kleinen Lösung – wie Menschen und Unternehmen die Komplexität meistern“ zusammengefasst, das 2014 im Murrmann-Verlag erschienen ist.

1

Es geht uns alle an

Herzlich Willkommen zu einem Ausflug in das Zeitalter digitaler Transformation und Künstlicher Intelligenz.

Ich sitze inmitten eines Schneesturms in einem gemütlichen Chalet in den Schweizer Bergen und schaue gebannt auf mein Vogelhaus, welches ich gerade mit frischem Futter aufgefüllt habe. Das Thermometer zeigt minus zehn Grad. Und es dauert keine zehn Minuten, bis der erste Vogel anfliegt und das Futter entdeckt. Dann dauert es weitere zehn Minuten, bis etwa 20 Vögel gleichzeitig die Futterstelle anfliegen.

Plötzlich schießt es mir durch den Kopf: Wie wäre es, wenn 20 kleine Drohnen, ausgestattet mit Systemen der starken Künstlichen Intelligenz, ohne menschliche Eingriffe versuchen würden, das Futter aus der Futterstelle zu holen? Ich betrachte die Geschwindigkeit und die Koordinationsbewegungen der Vögel, ihre völlig chaotisch anmutende Strategie zum Anflug der Futterstelle und komme zu folgendem Ergebnis:

K. Henning, *Smart und digital*,
https://doi.org/10.1007/978-3-662-59521-3_1

Bis wir so weit sind, dass 20 Drohnensysteme mit eigener Intelligenz auf engstem Raum mit der gleichen Schnelligkeit und Wendigkeit dieser Vögel kollisionsfrei die Futterkrippe leeren, wird es noch eine ganze Weile dauern, sicher mehr als eine Generation.

Solange die Dinge „nur" im Netz stattfinden, ist es noch relativ einfach. Wenn es aber um die Einführung von Systemen der Künstlichen Intelligenz in die „physikalische Realität" geht, wird es mühsam. Besonders die „letzte Meile"[1] ist besonders schwierig und langwierig.

Bis also KI-Systeme (KI steht für Künstliche Intelligenz) in solchen Geräten, wie zum Beispiel Drohnen, die Intelligenz, Wendigkeit, Schnelligkeit und Koordinationsfähigkeit von diesen Vögeln haben, ist noch sehr viel Arbeit in Forschung und Entwicklung erforderlich.

Aber die Welt arbeitet daran. So ist ein großer Hersteller von Fluggeräten dabei, ein Paketzentrum mit 10.000 Paketsendungen pro Tag zu konzipieren. Alle Sendungen sollen mit Drohnen befördert werden. Dazu müssten pro Minute etwa fünf Starts und Landungen erfolgen. Das Koordinationsproblem ist vom Softwareentwurf her gigantisch – ganz abgesehen von dem „kleinen Nebenproblem", dass die Frage der Beladung der Drohnen mit vollautomatischen KI-gesteuerten Transportrobotern auf so engem Raum in der Geschwindigkeit nicht gelöst ist.

Und dann gibt es da noch das Problem der Luftraumüberwachung, wenn so viele Drohnen durch die Landschaft schwirren. Hier versucht gerade eine Unternehmensgruppe aus dem Silicon Valley erst einmal zu simulieren, wie das KI-gesteuert funktionieren könnte.

[1]Den Begriff der „letzten Meile" bei der Einführung von Künstlicher Intelligenz hat Tobias Meisen (Universität Wuppertal) geprägt, 2018.

Meine Botschaft dazu ist eine doppelte:

Wenn man ins Detail geht, ist die Umsetzung von Systemen der Künstlichen Intelligenz (KI-Systeme) äußerst schwierig und mühsam. Wenn sie aber gelingt, gibt es radikale Durchbrüche mit einer weltweiten Anwendung in extrem kurzer Zeit.

Die rasche Verbreitung wird vor allem dann beschleunigt, wenn die Nützlichkeit überwiegt und Menschen wegen des Nutzens, den sie haben, auf alle Bedenken in Hinblick auf Datenschutz verzichten. Sie machen doch sicher auch immer ganz schnell den Haken an die Nutzungsbedingungen, ohne sie zu lesen, oder etwa nicht?

Disruptive Innovationen

Wenn Technologien „überraschend" in sehr kurzer Zeit eine Massenanwendung finden und dabei Abläufe, Lebensgewohnheiten, Lernprozesse und Ordnungssysteme auf den Kopf gestellt werden, spricht man von einer sogenannten disruptiven Innovation.

Oft wird dabei unterstellt, dass es sich bei den disruptiven Innovationen um ein neues Phänomen handelt, das erst im Zusammenhang mit Internet, digitaler Transformation und Künstlicher Intelligenz erstmalig auftrete.

Ja, die digitale Transformation unseres Lebens ist eine dramatische Umwälzung. Aber ist eine solche Umwälzung so einzigartig in der Geschichte der Menschheit?

Unternehmen wir gemeinsam eine Zeitreise in die Vergangenheit.

Da gab es um 1750 die erste industrielle Revolution mit der Erfindung der Dampfmaschine, also der systematischen Verwendung von Wasser- und Dampfkraft. Das war die Grundlage der mechanischen Produktion.

Der nächste Meilenstein kam zu Beginn des 19. Jahrhunderts durch die elektrische Energie. Damit konnte Energie an beliebige Orte transportiert werden. Mit dieser Struktur war die Grundlage für Massenproduktion und Arbeitsteilung gelegt. Dies hat Anfang des 20. Jahrhunderts in einem Zeitraum von lediglich zehn Jahren von 1903 bis 1913 den Umbruch vom Pferdekutschen-Massenverkehr zu PKW-Massenverkehr ermöglicht. Anfangs wurden dabei die ersten Kraftfahrer mit Bußgeldern belegt, weil sie die erlaubte Höchstgeschwindigkeit für Pferdekutschen überschritten hatten.

Wieder 70 Jahre später begann die Digitale Revolution, die sich aber zunächst „nur" auf die Computertechnologie und Kommunikationstechnik bezog.

Erst heute spüren wir das Ausmaß, weil es jetzt um die Informationsrevolution geht, in der alles mit allem vernetzt ist und die Welt anfängt, zu einem riesigen „Gehirn" zusammenzuwachsen. Autonome Systeme und Systeme von autonomen Systemen wachsen im weltweiten Netz, in den Fabriken und in den Verwaltungen. Und jetzt kommt das Entscheidende: Was vor 50 Jahren als Überlegung der Informatik schon gedacht war, ist plötzlich realisierbar.

> Maschinen und Systeme haben – zumindest auf niedrigem Niveau – ein eigenes Bewusstsein[2] und können sich selbstständig für Ziele und Lösungswege entscheiden, die ihnen vorher niemand beigebracht hat.

Das Besondere dabei ist, dass die Gegenstände dieser Welt miteinander als „Internet of Things" (IoT) verknüpft werden und das rund um den Globus.

---

[2]Näheres zum Begriff Bewusstsein siehe Kap. 4.

Bereits heute gibt es Fahrzeuge mit sogenannten „Autopiloten", bei denen über Nacht die Erfahrungen der Fahrzeuge mit Straßenverläufen und Kurven unter allen Fahrzeugen dieser Klasse auf der ganzen Welt ausgetauscht werden. Sie lernen im weltweiten Netzwerk voneinander schon sehr gut.

Wenn ein solches Fahrzeug auf einem Feldweg fährt, wird es Mühe haben, unübersichtliche Kurven zu fahren. Fährt man aber die gleiche Kurve eine Woche später, dann ist das Fahrverhalten schon recht gut, weil das Fahrzeug seine Erfahrungen mit allen anderen Fahrzeugen dieser Klasse auf dieser Welt ausgetauscht hat. Fahrerfahrungen mit ähnlichen Kurven wurden miteinander verglichen. Jedes Fahrzeug ist dann weltweit darauf vorbereitet, eine solche Kurve gut zu fahren.

Zweifelsfrei ist dieser Umbruch gigantisch und in seiner Dimension im Umfang und in der Art des Umbruchs nicht mit der ersten industriellen Revolution um 1750 und der Energierevolution um 1900 vergleichbar.

Viele haben diesen „Knall" noch nicht gehört.

Wenn man aber weiter in unserer Geschichte zurückgeht, stößt man auf die Umwälzung, die die Welt durch die Einführung des Massenbuchdrucks erlebt hat. Man denkt dann vielleicht an Luther und die Auswirkungen der Reformation. Doch diese Entwicklung hat 100 Jahre zuvor mit einer disruptiven Innovation von Gutenberg (Mai 2016) begonnen, die in ihren damaligen Auswirkungen vielleicht am ehesten mit den Dimensionen des heutigen Veränderungsprozesses vergleichbar ist.

Gutenberg hat in einem Zeitraum von zehn Jahren von 1450 bis 1460 mit der Erfindung der Rotationsdruckmaschine die damalige Welt auf den Kopf gestellt.

Gutenberg war beseelt von einer Idee. Es war die Idee der Vernunft. Um dieser Idee Beine zu machen, war er überzeugt, dass die Macht der Bilder abgeschafft werden müsse und dass die Macht des geschriebenen Wortes jedermann zugänglich sein sollte.

Und dazu brauchte es die Möglichkeit, einen Text massenhaft und in gleicher Qualität fehlerfrei drucken zu können. Es hat gerade mal eine Dekade gedauert, bis die erste Druckmaschine lief. Und es war eine Entwicklung fast aus dem „Nichts".

In Nürnberg war gerade für militärische Zwecke die Kupferprägung mit Pressen erfunden worden. Das machte er zur Grundlage für die sogenannte Patrize[3], also den ersten Buchstabenstempel.

Gutenberg war ein radikaler Unternehmer. Er brauchte für diese Entwicklung jede Menge Geld und verpfändete nach und nach den größten Teil seiner Altersvorsorge.

Die erste Patrize war ein „Heiligenspiegel", ein kunstvoller „Einzelbuchstabe", den er auf der Heiligtumsfahrt in Aachen in großen Stückzahlen verkaufte. Der Andrang, die Heiligen Reliquien zu berühren, war so groß geworden, dass sich das Domkapitel zu Aachen entschloss, ersatzweise Reliquienspiegel als Erinnerung zu verkaufen. Das brachte Gutenberg eine nützliche Zwischenfinanzierung.

Sein Ziel war es aber, bewegliche Buchstaben zu haben. Er erfand den Setzkasten. Er erfand den „schwimmenden" Buchstaben. Er erfand die Rotationsdruckmaschine. Er verwendete als Erster Papierdruck anstelle von Pergament. Er löste das Problem der stabilen und reproduzierbaren Massenproduktion von Texten.

---

[3]Eine Patrize ist der Prägestock beim Druck, also das Gegenstück zum gedruckten Buchstaben.

Und er musste Mitarbeiter aus den Abschreibwerkstätten abwerben; eine Branche, die es europaweit eine Generation nach dem ersten Massenbuchdruck fast nicht mehr gab.

Eigentlich war Gutenberg ein typischer Produktionsingenieur, verliebt in Skaleneffekte, also dem Bestreben, alles in hoher Qualität in großer Stückzahl produzieren zu können. Er investierte und investierte – fast ohne Rücksicht auf Verluste.

Er hatte für sein erstes Buch ein Werk ausgewählt, das bis heute zu den weltweiten Bestsellern gehört – die Bibel. Sein Bestreben war dabei, möglichst wenige Bilder in dem Buch zu haben.

Und das in einer Zeit, in der Europa gerade dabei war zu zerfallen – es gab zu seiner Zeit drei parallele Päpste in der römisch-katholischen Kirche.

Im Ergebnis brauchte er für diese dramatische Innovation nur zehn Jahre, bis 1460. Weitere zehn Jahre danach war Europa bereits übersät mit Rotationsdruckmaschinen mit beweglichen Lettern. Innerhalb von nur 20 Jahren war plötzlich geschriebener Text beliebig für jedermann an jedem Ort in Europa verfügbar. Man schätzt, dass vor 1450 maximal 10 % der Mönche in den Klöstern lesen konnte und außerhalb der Klöster extrem wenige. Deshalb wurde ja alles mit Bildern transportiert – man denke nur an die Darstellung der biblischen Geschichten in den Kirchen.

Innerhalb von weniger als einer Generation etablierte sich somit eine allgemeine Lesefähigkeit. Das Monopol des Vorlesens war gebrochen.

Übrigens wurde Gutenberg Opfer seiner eigenen Erfindung, als seine Heimatstadt Mainz in einem lokalen Krieg besiegt wurde, in dem zum ersten Mal Flugblätter zum Mittel der psychologischen Kriegsführung massenhaft eingesetzt wurden.

Mit der Rotationsdruckmaschine war der Technologie-Treiber zum Übergang in das Zeitalter der Vernunft geboren. Aber erst einmal geriet Europa ziemlich durcheinander. Einen der Höhepunkte der Umwälzungen erlebte Europa dann 1517, also 50 Jahre später, als Luther seine 95 Thesen gegen den Ablasshandel in Wittenberg veröffentlichte.

Sicher war sich Luther seiner medialen Wirkung nicht bewusst. Es gab unerwünschte Rück-, Fern- und Nebenwirkungen. Die beginnende Aufklärung war auf dem Vormarsch: Das Wort und die Vernunft gewannen an Macht. Die Bilder verschwanden in großem Umfang von der Bildfläche. Die von ihm nicht beabsichtigte Kirchenspaltung führte zu Abspaltungen von der Katholischen Kirche. So entstanden viele christliche Konfessionen, die durch das Primat des Wortes vor den Bildern und Mythen geprägt wurden.

Europa kam nicht zur Ruhe. In der Folge der geistigen und geistlichen Unruhen zerfiel auch die politische Ordnung bis hin zum Dreißigjährigen Krieg (1618–1648). Erst danach, also fast 100 Jahre nach dem Durchbruch der Vernunft, ermöglicht durch den Massenbuchdruck, fand Europa wieder zu neuen Systemen sozialer und politischer Ordnung.

Das Zeitalter der digitalen Transformation hat begonnen

Zurück zum Heute:

> Es findet heute nach meiner Überzeugung die größte disruptive Innovation seit Gutenberg statt. Das ist der eigentliche Knall, den viele noch nicht vernommen haben.

Wie damals wird die gesamte soziale Ordnung, die Art und Weise, wie die Menschen leben, arbeiten und glauben, auf den Kopf gestellt. Damals zunächst bezogen auf den Lebensraum Europa – heute zeitgleich bis an alle Enden der Erde.

Der heutige weltweite Umbruch betrifft nicht nur die digitale Vernetzung. Es geht um mehr![4]

- Die Maschinen, Autos und Gegenstände des Alltags werden ein eigenes Bewusstsein bekommen, das zusammen mit der weltweiten minutenschnellen Vernetzung eine völlig neue Dimension darstellt.
- Diese digitale Transformation zu „digitalen Agenten, digitalen Schatten, digitalen Zwillingen“ usw. ist eine globale und lokale Umwälzung, die alle unsere Lebensbereiche extrem umgestalten wird. Sie ist unvermeidbar.
- Das digitale Universum mit intelligenten Maschinen und Netzwerken ist eine riesige Chance, unsere Lebens-, Arbeits- und Lernumgebungen neu (wieder-) zu erfinden.

Heute ist es die Künstliche Intelligenz, die in alle Maschinen, Systeme und Geräte, in alle Büros und alle privaten Lebensbereiche eindringt. Maschinen, Geräte, digitale Plattformen und Smartphones haben zunehmend ein eigenes Bewusstsein und treffen eigene kreative Entscheidungen, die ihnen vorher niemand beigebracht hat.

> Es geht uns alle an. Wir haben die Chance, die digitale Transformation mit Künstlicher Intelligenz verantwortlich zu gestalten, bevor es andere verantwortungslos tun. Noch haben wir Zeit dazu!

[4]Henning, Klaus: Wie künstliche Intelligenz unsere Welt verändert. http://www.futur2.org/article/wie-kuenstliche-intelligenz-unsere-welt-veraendert/.

Literatur

Mai, K.-R. (2016). *Gutenberg: Der Mann, der die Welt veränderte*. Berlin: Propyläen.

2

Die Gegenstände dieser Welt werden intelligent

Schon lange besitzt statistisch gesehen jeder Erdenbürger ein Handy. Bei den Smartphones waren es 2019 über 5 Mrd.[1] Jährlich kommen 500 Mio. Smartphones dazu. Trotzdem wird es noch fünf bis zehn Jahre dauern, bis das Smartphone bis an die Enden der Welt vorgedrungen ist. Dann gibt es für alle Menschen den Zugang zu allem rund um diesen Globus – seien es Daten, seien es die internationalen Märkte, sei es Bildungsbedarf.

Digitale Begleiter

In der nächsten Generation scheint sich die Bedürfnispyramide des Lebens zu verändern. Zu Wasser, Essen und

[1] Statista: Prognose zum weltweiten Bestand an Smartphone-Anschlüssen von 2010 bis 2020. https://de.statista.com/statistik/daten/studie/312258/umfrage/weltweiter-bestand-an-smartphones/.

K. Henning, *Smart und digital*,
https://doi.org/10.1007/978-3-662-59521-3_2

Bildung kommt das Bedürfnis nach einem Handy, nach WLAN und einem Ladegerät für Strom.[2]

Ich hatte neulich auf einer Auslandsreise mitten in Osteuropa einen totalen Blackout meines Smartphones. Das war ein echter Schock: Flugtickets, Bahntickets, die nächsten Termine, kein Telefon, keine Kommunikation, nichts von dem war mehr möglich. Ich war plötzlich komplett auf mich allein gestellt. Und mir wurde bewusst: Die ganze Welt ist vernetzt.

So ist das mit unseren digitalen Begleitern: Sie sind extrem nützlich und deshalb verwenden wir sie. Im Moment sind unsere digitalen Begleiter noch ziemlich dumm. Wenn sie intelligent werden, dann werden sie selbst denken und eigenständige Entscheidungen treffen, die ihnen vorher niemand nahegelegt hat. Sie werden Erlaubtes und Unerlaubtes tun.

Dazu ein Beispiel: Einer unserer digitalen Begleiter wird das selbstfahrende Auto sein, sozusagen ein intelligenter Roboter auf Rädern. Ein solches selbstfahrendes Auto, das selbst denkt, wird natürlich in der 50er-Zone schneller fahren als 50, wenn alle anderen auch schneller fahren. Es wird Regeln genau so viel oder wenig einhalten, wie wir das tun. Deshalb werden wir für vollautomatische Autos auch eine Verkehrssünder-Kartei haben müssen. Und diese Autos werden sich deshalb auch Apps für Blitzerwarnungen herunterladen. Die damit verbundenen ethischen und ordnungspolitischen Fragen werden noch zu vielen Diskussionen führen.

Ein solcher digitaler Begleiter kann auch eine 3D-Brille sein, mit der ich als Handwerker angeleitet werde, wie ich am besten das Fenster montiere. In der Brille sehe ich

---

[2]Dietrich Identity GmbH: Die Maslowsche Bedürfnispyramide in Zeiten der Generation Z. https://www.dietrichid.com/wissensartikel/die-maslowsche-beduerfnispyramide-zeiten-der-generation/.

dann mit einer Mischung aus Realität und Simulation, was ich gerade tue, ob ich es gut mache und was ich als Nächstes tun muss. Das System wird mir auch helfen, aus meinen Fehlern zu lernen. Außerdem wird es mir bei meinen Schwachpunkten helfen. Wenn es gut gemacht ist, eine echte Win-win-Situation!

Die digitalen Begleiter werden allgegenwärtig und unauffällig alle Bereiche unseres Lebens und Arbeitens durchdringen.

Nun werden Sie vielleicht einwenden: Dann müssen wir diesen digitalen Begleitern das selbstständige Denken verbieten. Meinen Sie wirklich, dass es irgendjemanden auf diesem Globus interessiert, wenn wir auf einer Insel der Glückseligen in Deutschland den Maschinen und Geräten verbieten zu denken?

Unauffällig und allgegenwärtig

Solche intelligenten Gegenstände werden kommen, mindestens auf das Intelligenzniveau eines höher entwickelten Tieres, wie zum Beispiel Kolkraben, Pferde oder Hunde. Egal, ob uns das passt oder nicht.

Manche denken dann immer gleich an Science-Fiction-Filme. Das müssen Sie aber nicht. Digitale reale oder virtuelle digitale Begleiter werden sich in vielen Bereichen unauffällig und allgegenwärtig Schritt für Schritt breitmachen. Und sie werden in bestimmten Bereichen einfach mehr können als wir Menschen. Das hängt damit zusammen, dass sie in kürzester Zeit Unmengen von Daten sammeln und verarbeiten können.

Schon heute haben viele der neueren Smartphones eine interne KI-Maschine für das automatische Erstellen von Fotosequenzen, die mit geeigneter Musik untermalt sind.

Diese Funktion „Für Dich“ ist inzwischen so weit, dass sie beispielsweise an frühere Bergtouren mit einer Fotosequenz erinnert, wenn man in der betreffenden Gegend ist. Das geschieht ganz ungefragt. Man hat das KI-System ja nicht extra bestellt – es war einfach dabei. Ein Großteil der Nutzer der entsprechenden Smartphones kennt diese Funktion gar nicht. Das KI-System ist rein lokal und nicht mit einer Datenbank in einer „Cloud“ – einem virtuellen Massenspeicher – vernetzt.

Die meisten, die die KI-Maschine „Für Dich“ benutzen, sind davon begeistert und nutzen sie laufend, weil es attraktiver und unterhaltsamer ist, als viele Fotos durchzuklicken. Und wenn einem der Stil nicht gefällt, kann man einen anderen Stil wählen – zum Beispiel „heiter“ oder „episch“. Einigen ist aber gar nicht klar, dass da im Hintergrund ein KI-Algorithmus arbeitet.

So schleichen sich KI-Anwendungen unauffällig und allgegenwärtig in unseren Alltag. Im Jahr 2030 wird vieles davon schon „normal“ geworden sein und wir werden an vielen Stellen solche intelligenten Funktionen haben.

Nützlich und unentbehrlich

Die digitalen Begleiter werden kreative Ideen haben und neue Konzepte entwickeln, kurzum: ein Verhalten an den Tag legen, das sie von niemandem gelernt haben. In der Kombination von vielen Daten, neuronalen Netzen und den sich immer höher entwickelnden Algorithmen der Künstlichen Intelligenz sind selbstständiges Lernen dieser digitalen Begleiter, Nachdenken über das Gelernte und die Entwicklung neuartiger Verhaltensstrategien kein Problem mehr.

> Viele intelligente digitale Begleiter werden selbstständig Entscheidungen treffen.

Deshalb müssen die Gegenstände dieser Welt, die mit einer solchen starken Künstlichen Intelligenz arbeiten, längerfristig auch eigene Rechtspersonen werden, wie das vom Europäischen Parlament mit Recht in die Diskussion gebracht wurde.[3] Es muss für die Algorithmen solcher digitalen Begleiter ethische Standards und Werte geben. Dann wird es eine gute Sache.

Wir brauchen keine digitalen Deppen. Wir brauchen die digitalen Begleiter als nützliche Partner.

Wenn Sie morgens um 07:00 Uhr zum Beispiel in eine Großstadt müssen, wird es in zehn Jahren für ein intelligentes Navi überhaupt kein Problem sein, sich die Stauentwicklung und ebenso die Wetterdaten der letzten zehn Jahre in diesem Zeitintervall anzusehen und Ihnen dann vielleicht die Empfehlung zu geben: Warten Sie mit der Abfahrt heute noch fünf Minuten. Dann wird es weniger stressig und Sie verlieren keine Zeit. Denn das System weiß, dass der Stau fünf Minuten später schon so weit abgeklungen sein wird, dass ich dann schneller am Ziel bin. Für uns Menschen ist eine solche Abschätzung unmöglich. Ich bin mir sicher, dass wir das nutzen werden, wenn es verfügbar ist. Der Grund dafür ist:

Die Nützlichkeit siegt über Datenschutz.

So werden die nützlichen Idioten in unseren Autos und unserer Hosentasche nach und nach zu unentbehrlichen

[3]Spiegel Online: Künstliche Intelligenz. Warum das EU-Parlament Gesetze für Roboter fordert. https://www.spiegel.de/netzwelt/netzpolitik/kuenstliche-intelligenz-eu-parlament-fordert-regeln-fuer-roboter-technologie-a-1134949.html.

Partnern, auf die wir schon heute nicht mehr verzichten wollen. Jeder, der schon einmal die Qualität der Stauprognosen von Google Maps schätzen gelernt hat, den kümmert es doch nicht mehr, dass er dabei digital verfolgt wird – wen interessiert schon, wo ich überall hinfahre. Hauptsache, ich komme an dem vor mir liegenden Stau vorbei. Die wirklich guten Navigationssysteme vieler Fahrzeughersteller nutzen als Basis genau diese Google-Daten. Und diese formen dann ein vollständiges Abbild des Nutzerverhaltens. Das nennt man einen digitalen Schatten.

Dafür geben wir sogar gerne unsere Daten her. Es nützt sowieso nichts, zu glauben, dass ich meine Daten für mich behalten kann. Längst habe ich viel zu oft eingewilligt, Informationen über mich umsonst herauszugeben. Die meisten haben auch keine Lust mehr, die Allgemeinen Geschäftsbedingungen zu lesen. Haben Sie bei Ihren letzten Besuchen auf Websites im Internet vollständig gelesen, wie mit Ihren Daten umgegangen wird? Oder haben Sie nur runtergescrollt und einfach den Haken gesetzt? Diese Entwicklung hat aber eine erhebliche Kehrseite. Diejenigen, die die Daten besitzen, bekommen immer mehr Kontrollmacht.

Und wie steht es mit dem Datenschutz?

Es wird interessant werden, wie lange wir bereit sind, unsere Daten tatsächlich umsonst herzugeben. Möglicherweise entwickeln sich Datenmärkte, auf denen ich für eine Funktionalität mit meinen Daten zahle, also einen Tauschhandel eingehe. Problematisch ist es zweifellos, wenn kostenlose Apps Daten sammeln, die sie für ihre Funktionalität nicht benötigen, diese dann aber an Dritte weiterverkaufen.

Auf jeden Fall reicht es längst, dass ich mein Smartphone bei mir habe, ohne jede Funktion, um auf allen meinen Wegen beobachtet werden zu können. Rund um den Globus, überall.

Ich stelle bei mir fest, dass ich beim Autofahren sogar drei Navigationsgeräte in Betrieb habe. Einmal das des Herstellers, dann eine Stauprognose-App auf meinem Handy und im Hintergrund die Kopplung mit einer Informationsplattform über Verkehrsbehinderungen. Mein Auto ist auch mit der Service-Hotline des Herstellers verbunden, damit ich im Falle eines Notfalls schnell Hilfe habe. Schließlich gibt es noch das Motorsteuergerät und andere Kontrolleinrichtungen im Fahrzeug, mit denen man Fahrtenverläufe nachträglich auslesen kann.

Es hat sich längst weltweit ein Netzwerk der digitalen Schatten von Menschen, Maschinen, Fahrzeugen und Geräten, die sehr intensiv miteinander kommunizieren, gebildet. Es ist uns eben sehr viel wert, schnell reisen zu können, die Bahnreise auf der App zu haben und schnell an Informationen zu kommen.

Es ist eine Art von digitaler Schattenwirtschaft entstanden. Die Massendaten sind dabei die wesentliche Basis Künstlicher Intelligenz.

Kein deutsches oder europäisches Datenschutzgesetz wird diese Entwicklung aufhalten, geschweige denn stoppen können. Und wenn Sie das nicht glauben, dann laden Sie sich mal einen Experten eines Verfassungsschutzes ein. Der erzählt Ihnen dann, welche Daten man problemlos unter Einhaltung der harten deutschen Datenschutzbestimmungen bekommen kann. In einer Informationsschrift des bayerischen Verfassungsschutzes heißt es dazu (Elsasser 2015):

> „Menschen spielen in den Fällen von Wirtschaftsspionage immer noch eine große, wenn nicht sogar die wichtigste Rolle. Als soziales Wesen werden gerade im Umgang mit

anderen Menschen unbeabsichtigt die meisten Informationen preisgegeben."

Insofern ist die Herausforderung des Datenschutzes ja nichts Neues. Schon immer gab es nicht nur Industriespionage, sondern z. B. auch den neugierigen Nachbarn, der sich sehr genau dafür interessiert hat, wer im Dorf mit wem wann was macht. Neu ist, in welchem Umfang Daten gesammelt werden können. Oft fehlt es uns dann an Verständnis und geeigneten Strategien, um die eigenen Daten zu schützen.

Technologie von gestern

Ein weiteres Beispiel: Wer von uns nutzt denn noch ein Lexikon? Das ist doch Technologie von gestern. Vielleicht nutzen die Älteren unter uns es noch. Aber meine Enkel stehen staunend vor einem Buchlexikon und fragen verdutzt: „Opa, was ist das denn? Habt ihr so etwas wirklich benutzt?"

Brockhaus als Verlag hat diese Entwicklung verpasst und stellte 2013 den Vertrieb des Lexikons ein.[4] Und zwar in dem Moment, als das Vertrauen in die Daten von Wikipedia größer wurde als das Vertrauen in die Daten eines Buchlexikons, das schon nach wenigen Jahren veraltet ist.

Das Lexikon als Buch ist Teil des Geschichtsunterrichts geworden. Wenn ich etwas nicht weiß, schaue ich auf Wikipedia nach oder gebe meine Frage direkt bei Google oder bei YouTube ein. Ich finde, das funktioniert faszinierend gut, weil es auch dann klappt, wenn ich ein seltenes Ersatzteil für eine Haushaltsmaschine suche.

Für unsere heutigen Kids kommt alles aus dem Netz. Dazu muss ich Ihnen einen Witz erzählen – über den Sie vielleicht gar nicht lachen können: Da besucht ein zweijähriger Junge seine Mutter, die gerade ein weiteres Kind

---

[4]https://de.wikipedia.org/wiki/Brockhaus_Enzyklopädie.

geboren hat, im Krankenhaus. Fragt der Junge: „Mama, wo hast du denn diesen Download bekommen?"

Zurück zum Thema: Unsere Kinder lernen heute doch fast alle Biologie, Physik und vor allem Mathe mit der Plattform „simpleclub".[5]

Und Musik kommt für unsere Kids doch einfach aus dem Netz – die kommt von YouTube oder von Firmen wie Spotify. Viele wissen gar nicht mehr, was eine CD ist, geschweige denn eine Kassette.

Arbeiten im digitalen Zeitalter

Doch bleiben wir einen Moment bei dieser Firma Spotify. Sie wurde 2006 gegründet, ist also gerade einmal 11 Jahre alt und hat heute einen Marktwert von 3 Mrd. EUR. Spotify hat 200 Mio. Menschen als Nutzer in 78 Ländern.[6]

Dieses dramatisch wachsende Unternehmen ist auch von seiner Organisation her ganz anders aufgebaut:

- Klassische Hierarchien: Fehlanzeige.
- Übliche Chefrollen: Fehlanzeige.
- Normales Projektmanagement: Fehlanzeige.

Alles in diesem Unternehmen ist nach den Prinzipien der sogenannten Agilität aufgebaut, weil man sonst einfach für die Entwicklung neuer Services und Produkte viel zu langsam wäre.

Agil heißt nichts anderes als schnell und wendig. Nach den Prinzipien der Agilität gibt es keine klassische Arbeitsteilung mehr. Das Arbeiten in weitgehend autonomen Teams hat Vorrang. Klassische Abteilungen in

---

[5] https://de.wikipedia.org/wiki/Simpleclub.

[6] The Verge: Spotify gets serious about podcasts with two acquisitions. https://www.theverge.com/2019/2/6/18213462/spotify-podcasts-gimlet-anchor-acquisition.

Projektstrukturen sind nicht zu finden. Es gelten häufig Jahresarbeitszeitmodelle anstelle von festen Wochenarbeitszeiten.

> Die digitale Revolution bleibt nicht im Smartphone. Sie hat längst die Fabrikhallen erobert und ist heute schon massiv in alle Bereiche unseres Lebens und Arbeitens vorgedrungen.

Dazu ein paar Beispiele:

Es gibt keinen Grund mehr, öffentlichen Nahverkehr mit Bussen und Straßenbahnen zu gestalten. Ebenso könnten wir uns einen kleinen vollautomatischen Achtsitzer vorstellen[7], also eine Art Berggondel auf vier Rädern, die alle 30 Sekunden hintereinander die Linienstrecke abfährt. Man könnte sie dann einfach per App anrufen und die nächste Busgondel mit freiem Platz hält vor einem an. Das gleiche Prinzip könnte man für Taxis anwenden.

Das vollautomatische Auto wird auch ermöglichen, dass Menschen, die nicht mehr fahrtüchtig sind, ihr Auto verwenden können, auch nach dem vierten Glas Bier. Was glauben Sie, wie viele von Ihnen das als sehr nützlich betrachten werden? Ich jedenfalls freue mich drauf.

Und Warteschlangen beim Meldeamt? Das ist doch völlig unnötig, weil man jeden zeitgenau per App auf einen Termin einplanen kann. So etwas werden demnächst Systeme der Künstlichen Intelligenz besser managen können als heutige Systeme.[8]

---

[7] Solche vollautomatischen Kleinbusse werden zurzeit von einem Automobilzulieferer aus dem süddeutschen Raum entwickelt. https://www.automobil-industrie.vogel.de/zf-plant-joint-venture-mit-ego-mobile-a-609633/.

[8] Beitzer, Hanna: Für kostenlose Termine zahlen. In: Süddeutsche Zeitung.de, 27.07.2019. https://www.sueddeutsche.de/panorama/berliner-buergeraemter-zahlen-fuer-kostenlose-termine-wegen-chaos-1.2581163.

Warum haben wir eigentlich noch Altenheime? Technologisch gesehen können wir alles Erforderliche wieder in unsere Familien integrieren. Und mobile Pflege und ärztliche Versorgung sind heute schon in vielen Fällen die bessere Wahl. Medizinische Überwachung, selbst auf dem Niveau von Intensivmedizin, ist schon heute – technisch gesehen – in jedem Privathaus, das eine vernünftige LTE- oder DSL-Anbindung hat, möglich.

Hier gibt es übrigens dringenden Handlungsbedarf: Es ist unerträglich, im Jahre 2019 zu erleben, dass man durch die Schwäbische Alb oder durch die Eifel fährt und dabei zum Teil überhaupt kein Netz hat.

Ein Unternehmen aus Aachen betreibt über 17 Rettungswagen im Regelbetrieb der Feuerwehr der Stadt Aachen mit Telenotärzten mit enormer Akzeptanz (Stand 2018).[9] Die Telenotärzte sitzen in einer Zentrale und sind mit dem Einsatzort über Breitbandkommunikation gekoppelt. Sie sehen alle relevanten medizinischen Daten der Unfallopfer, sehen die Verletzungen per Video im Detail und können die Einweisung in das richtige Krankenhaus in Abhängigkeit von den Verletzungen und in Abstimmung mit Fachärzten viel besser steuern, als das bisher der Fall war. Die Systeme werden gerade in anderen Regionen Deutschlands eingeführt.

Ebenso arbeitet man intensiv an der Entwicklung von Robotern für den Pflegebereich. Dazu gehören sogar Entwicklungen für Demenzkranke. Es ist ja weit weniger peinlich, einem Roboter zu sagen, was man alles vergessen hat. Und der Roboter wird sicher nicht sauer, weil er zum fünfzigsten Mal das Gleiche sagen muss und ist auch nicht emotional enttäuscht, wenn die Gedächtnisleistung seines Gegenübers nachlässt.

Fassen wir zusammen:

---

[9] https://www.telenotarzt.de.

Die digitale Revolution mit Systemen der Künstlichen Intelligenz breitet sich mit rasanter Geschwindigkeit in der ganzen Welt aus.

4.0 – Alles ist mit allem vernetzt

> Künstliche Intelligenz macht keinen Halt vor irgendwelchen kulturellen, nationalen oder politischen Grenzen.

Künstliche Intelligenz wird aber dennoch von kulturellen, nationalen oder politischen Überzeugungen und Rahmenbedingungen der Entwickler geprägt werden. So werden zum Beispiel die detaillierten Festlegungen, wie sich autonome Fahrzeuge im fließenden Verkehr verhalten sollen, unterschiedlich sein (Maurer 2015). Die einen werden Geschwindigkeitsübertretungen zulassen. Andere werden ein striktes Tempolimit verlangen, auch wenn es den Verkehrsfluss stört.

Im Kern geht es um eine Informationsrevolution, bei der alles mit allem vernetzt ist. Diese Entwicklung wird im europäischen Raum mit dem Begriff „4.0" beschrieben.

So lässt sich die „Industrie 4.0"[10] nicht auf Industrie reduzieren. Alle Prozesse sind mit weltweiten Lieferketten vernetzt, sowohl was die Zulieferung angeht als auch den Kundendienst.

Für „Gesundheit 4.0" gilt das Gleiche. Auch hier sind die Prozesse zunehmend weltweit vernetzt. Schon heute gelingt die Identifikation von Hautkrebs[11] mit einem auf einem Smartphone untergebrachten KI-System und

---

[10]https://de.wikipedia.org/wiki/Industrie_4.0.

[11]Giertz, Julia und Parsch, Stefan: Computer schlägt Arzt. In: Berliner Zeitung, 17.04.2019. https://www.berliner-zeitung.de/wissen/computer-schlaegt-arzt-algorithmus-erkennt-hautkrebs-praeziser-als-dermatologen-32387722.

unterstützt damit nachhaltig die Krebsprävention. Ähnlich ermöglichen weltweite Datenbanken einen aktuellen Abgleich des Zusammenhangs von Prostata-Kennwerten und Prostata-Krebs. So wie automatisierte Autos täglich ihre Erfahrungen über die gefahrenen Kurven austauschen.

Ähnliches gilt für „Mobilität 4.0". Ich kann zum Beispiel den Laufweg meines Pakets verfolgen. Schon gelingt es, Pakete mit Drohnen zuzustellen. Oder ich kann über Google Maps auf allen Straßen dieser Welt die aktuellen Staus sehen – wirklich rund um den Globus. Neue Mobilitätsketten sind in Planung. So soll es möglich werden, mit automatisch fliegenden elektrisch betriebenen Lufttaxis zum nächsten Knotenpunkt für „Car2go"[12] zu fliegen und dort – gebucht mit einer App – in ein bereitstehendes Auto zu steigen. Das wird möglicherweise auf Wunsch vollautomatisch fahren und mich an einem ICE-Bahnhof absetzen und alleine zum nächsten Knotenpunkt fahren. Die Parkplatzsuche entfällt dann.

Auch für die Energieversorgung tun sich völlig neue Perspektiven auf. Dezentrale Energieversorgung mit einer ortsnahen Kopplung aller Energiearten ist technisch möglich. Warum soll der Strompreis nicht neu festgelegt und in Abhängigkeit der aktuellen Verfügbarkeit von regenerativer Energie gesteuert werden, um so eine raschere Energiewende zu ermöglichen? Warum sollen nicht alle Heizkörper in einem Haus durch eine intelligente Pumpe gesteuert werden? Dann tritt diese intelligente Pumpe an die Stelle des dummen Thermostatventils. Über KI-Systeme lassen sich die Energiebedarfe in Abhängigkeit der An- und Abwesenheit der Hausbewohner erfassen. Dadurch kann jede Menge Energie eingespart werden.

[12]https://de.wikipedia.org/wiki/Car2go.

Und warum soll der Kühlschrank nicht sagen, dass er Schimmel entdeckt hat? Gleichzeitig könnte ich dem Kühlschrank über ein Sprachsystem alle Gegenstände mitteilen, die gerade darin sind, inklusive Verfallsdatum. Teilweise wird man das auch einscannen können. Der Kühlschrank wird mich dann mahnen, wenn ich vergesse, etwas zu verbrauchen. Für blinde Menschen gibt es solche Systeme bereits.

Die Botschaft ist nicht, dass das alles so kommen muss und so kommen wird. Die Botschaft ist auch nicht, dass das alles zentral gesteuert wird und der Mensch jede Freiheit verliert. Die Botschaft ist vielmehr: Es gibt unglaubliche Freiräume, neue Gestaltungsräume und eine unübersehbare Vielfalt neuer Möglichkeiten, Leben und Arbeiten neu zu gestalten.

> Werden wir Digitalisierung und Künstliche Intelligenz zum Wohl der Welt und zum Wohl der Menschen und zu unserem eigenen Wohl nutzen?

Literatur

Elsasser, T. (2015). *Gefahren der Wirtschaftsspionage.* München: Jahreskonferenz der Xenium AG.

Maurer, M., et al. (2015). *Autonomes Fahren. Technische, rechtliche und gesellschaftliche Aspekte*. Berlin: Springer.

3

Wie ist Künstliche Intelligenz entstanden und wo stehen wir heute?

Der Traum der Künstlichen Intelligenz ist eigentlich schon mit der Erfindung der ersten Programmiersprache von Ada Lovelace[1] im Jahr 1820 entstanden. Das von Descartes[2] erdachte Weltmodell gewann Auftrieb: Danach stellt man sich die ganze Welt als eine einzige große Maschine vor. Die Vorstellung, die Welt sei ein riesiges Zahnradgetriebe, zieht sich durch die ganze Geschichte der technischen Entwicklung. Dass ein solches Modell nur einen Teil der Wirklichkeit beschreibt, wissen wir aus vielen Ansätzen der Theorie lebender Systeme[3] (Schwaninger 2006; Henning 1993). Aber zunächst war die Zeit von einem mechanistischen Weltbild geprägt.

---

[1]https://de.wikipedia.org/wiki/Ada_Lovelace.

[2]Chacón Diaz, Felicia/Pawlak, Björn: René Descartes: Der erste moderne Philosoph? „Ich denke, also bin ich!". In: helles-koepfchen.de. https://www.helles-koepfchen.de/artikel/2977.html.

[3]https://de.wikipedia.org/wiki/OSTO-Systemmodell.

K. Henning, *Smart und digital*,
https://doi.org/10.1007/978-3-662-59521-3_3

Erst viel später begann man zu verstehen, dass sich das Verhalten von Organisationen auf allen Ebenen nicht allein durch den mechanistischen Ansatz beschreiben lässt, sondern dass für eine solche Beschreibung die Eigenschaften und Verhaltensweisen lebender Systeme zielführender sind.

Eine Schlüsselerfindung aus dem mechanistischen Ansatz zur Erfassung der Welt war die Erfindung der ersten Programmiersprache, die aber erst mit der Erfindung des Computers in den 40er Jahren des vorigen Jahrhunderts den Durchbruch erzielte.

Erste Erfindungen

Schon 1947 gab es im militärischen Bereich einen ersten Autopiloten. Das war der Anfang der industriellen Automatisierung, aber noch nicht der Anfang der Künstlichen Intelligenz.

Erst eine Konferenz von Wissenschaftlern in Dartmouth 1956[4] gilt aus heutiger Sicht als die Geburtsstunde der Künstlichen Intelligenz. Dort wurden Konzepte zu Fragen von Computersprachen, zur „Selbstverbesserung" von Rechenoperationen, zum Verhältnis von Zufälligkeit und Kreativität diskutiert. Ein Schwerpunkt beschäftigte sich mit „Neuronalen Netzwerken", mit denen man versucht hat, ein mathematisches Modell der menschlichen Gehirnstrukturen nachzubilden.

In den 1960er-Jahren folgten dann mit klassischer Automatisierungstechnik Industrieroboter, mobile Roboter und der erste Chatbot Eliza: ein kleines Softwarepaket, mit dem man eine psychologische Beratung nachzubilden versucht hat. Schon 1992 war dieser Chatbot Bestandteil meiner Pflichtvorlesung „Informatik im Maschinenbau" im zweiten Semester (Henning und Kutscha 1994):

---

[4]https://de.wikipedia.org/wiki/Dartmouth_Conference.

1. *Wie geht es dir? (Programm)*
2. Ich habe nie Zeit für meine Freunde. (Patient)
3. *Deine Freunde?*
4. Das sind Studierende?
5. *Könnten es auch andere sein?*
6. Nein, sie reden dauernd über Technik.
7. *Kannst du mir ein Beispiel dazu geben?*
8. Auf der letzten Party haben sie nur über Computer geredet.
9. *Und das macht dich betroffen?*
10. Ich träume schon von Computern.
11. *Was sagt dir dieser Traum?*
12. Dass ich Angst habe.
13. *Und deswegen bist du zu mir gekommen?*
14. Ja, ich brauche deine Hilfe.

Für solche Dialoge braucht man natürlich noch keine KI-Maschine. Aber schon diese automatischen Dialoge zeigen die Tendenz, dass wir anfangen, Maschinen als etwas Lebendes zu empfinden. Unser Rasenmäher-Roboter ist strohdumm, aber er heißt „Moritz". Und wenn ich nach Hause komme, frage ich: „Wie geht es Moritz?" Im Laufe der Zeit habe ich festgestellt, dass fast alle Leute, die einen Roboter als Rasenmäher haben, diesem einen Namen geben.

Es ist also offensichtlich sehr wesentlich, ob wir das maschinelle Gegenüber „wie ein Tier" oder „wie eine Person" erleben.

Das alles ist aber noch keine Künstliche Intelligenz, obwohl wir hier schon gelegentlich davon sprechen.

Berechtigterweise sprechen wir spätestens seit der ersten vollautonomen Fahrt eines Autos über 212 km Entfernung im Jahre 2005 von „KI-Systemen", weil hier Systeme eingesetzt wurden, die ein eigenes Abbild ihrer Umwelt entwickelt und für die Steuerung des Systems eingesetzt haben.

Selbstlernende Maschinen

Seither geht die Entwicklung Schlag auf Schlag:

- Digitale Assistenten, bedienbar in natürlicher Sprache wie zum Beispiel Siri, Google Now oder Cortana sind seit 2011 weltweit in Gebrauch.
- Die IBM-KI-Maschine Watson[5], die 2011 im Quiztest ihre menschlichen Konkurrenten geschlagen hat, gilt seither als eine Standard-KI-Maschine. Sie wird weltweit in großen Stückzahlen eingesetzt.
- 2016 siegt die AlphaGo-KI-Maschine über den amtierenden Weltmeister. Im Jahr 2017 darauf wird sie von der AlphaGo-Zero-Maschine geschlagen.

Die Entwicklung der beiden AlphaGo-KI-Maschinen ist sicher ein Meilenstein, den wir konzeptionell etwas näher betrachten müssen.

Das Go-Spiel kommt aus China und ist 2500 Jahre alt. Es hat einfache Regeln und eine enorme Komplexität. Es gibt 2,57 mal 10^{210} mögliche Kombinationen. Das ist eine Zahl mit 211 Stellen vor dem Komma und ist damit größer als die Anzahl der zurzeit bekannten Atome im Universum.

Zum Vergleich: Die Komplexität des Spieles Go ist um 10^{100}-mal größer als die Komplexität von Schach. Aus heutiger Sicht ist es überhaupt kein Kunststück mehr, eine KI-Maschine zu bauen, die Schachweltmeister wird.

Im Kern besteht die AlphaGo-Maschine aus einer Kombination von datenbasiertem Lernen und Reinforcement Learning, also aus einer Kombination aus „Frontalunterricht" und Lernen durch Versuch und Irrtum.

Es wurde ein sogenanntes „Deep neural network" programmiert, das aus zwölf Schichten (Layern) besteht. Jede dieser Schichten enthält Millionen von neuronenähnlichen

---

[5] https://www.ibm.com/watson/de-de/.

Verbindungen. Jedes einzelne Element ist von seiner Struktur her ähnlich wie die eines Lebewesens aufgebaut – eine Struktur, die sehr gut erforscht ist.

Dann wurde die Maschine mit ca. 30 Mio. Zügen von Menschen trainiert. Auf dieser Basis war sie in der Lage, ungefähr 60 % der von Menschen in vorhergehenden Spielen durchgeführten Züge vorherzusagen.

Aber damit gewinnt man natürlich noch kein Spiel. „Frontalunterricht" (Teach-in) ist – wie in der Schule – gut, aber nicht ausreichend.

Um eigene „nichtmenschliche" Strategien zu entwickeln, spielte die AlphaGo-Maschine Tausende Spiele gegen sich selbst. Die dabei verwendete Lernstrategie ist die KI-Maschine DeepMind[6] von Google.

Auf diese Weise hat sich die AlphaGo-Maschine trainiert, also eine Art selbstorganisierte Fahrschule durchlaufen. Und dann hat sie im März 2016 vier von fünf Spielen gegen den damals amtierenden Weltmeister Lee Sedol gewonnen.[7] Dabei entwickelte die AlphaGO-Maschine Spielzüge, die vorher kein Mensch gemacht hatte.

Das schien ein dramatischer Meilenstein in der Entwicklung zu sein. Es kam aber anders.[8]

AlphaGo Zero schlägt 2017 AlphaGo, das den Weltmeister 2016 geschlagen hat.

[6]https://de.wikipedia.org/wiki/DeepMind.

[7]Metz, Cade: In two moves, AlphaGo und Lee Sedol redefined the future. In: wired.com. https://www.wired.com/2016/03/two-moves-alphago-lee-sedol-redefined-future/.

[8]https://en.wikipedia.org/wiki/AlphaGo_Zero.

Schon ein Jahr später, am 19.10.2017, schlägt eine neue Maschine die gerade ein Jahr alte Kollegin: AlphaGo Zero. Dieser Maschine wurden nur die Regeln des Go-Spiels mitgegeben. Die „DNA" des Spiels – also seine Regeln – reichte aus.

Im „Selbststudium" hat sich diese Maschine die notwendigen Informationen aus der Umgebung beschafft, sich trainiert und damit gezeigt, dass selbstorganisierte KI-Systeme, die nur die Regeln kennen und einhalten, KI-Systemen überlegen sein können, die mit einem Mix aus Teach-in und Reinforcement Learning arbeiten. Bei AlphaGo Zero ist der menschliche Faktor bis auf das Setzen der Spielregeln gleich Null.

Wahrscheinlich wird sich in Zukunft in der Künstlichen Intelligenz der gleiche Streit abspielen wie in der Pädagogik: klassischer Frontalunterricht mit Lehrern versus Selbstlernen mit reformpädagogischen Ansätzen mit dem Lehrer als Moderator bis hin zu selbstgesteuertem Lernen im Netz mit Plattformen wie simpleclub. Aber davon später.

Wo aber stehen wir in der Umsetzung von diesen Konzepten in der Praxis? Dazu werden wir im Folgenden einige Beispiele betrachten, die den Stand und die Perspektiven verdeutlichen.

Demokratisierte Maschinensteuerung

> Schon schwache Künstliche Intelligenz zeigt Spuren von Intelligenz.

Wir beginnen mit einem Beispiel aus der sogenannten „schwachen" Künstlichen Intelligenz.[9] Dabei entsteht die Intelligenz durch die Vernetzung von selbstständig agierenden Software-Agenten, also die Vernetzung von einfachen selbstständigen Recheneinheiten. Um diesen „Charakter" von Intelligenz zu verstehen, betrachten wir in Abb. 3.1 das folgende Muster.

Abb. 3.1 Wechselwirkungen sind wichtiger als die Eigenschaften der Elemente

[9]Künstliche Intelligenz. Informatik und Gesellschaft 2008/2009. http://www.informatik.uni-oldenburg.de/~iug08/ki/Grundlagen_Starke_KI_vs._Schwache_KI.html.

Man erkennt bei näherem Hinsehen nichts. Erst wenn man die Wechselwirkungen zwischen den Elementen in den Mittelpunkt stellt und die einzelnen Elemente weniger beachtet, entsteht das Bild eines Gesichts, in diesem Fall das Gesicht des Autors dieses Buches. Man erreicht das durch unscharfes Hinsehen, also entweder durch Abnehmen der Brille, durch Blinzeln mit den Augen oder durch Weiterweggehen, indem man das Buch in eine entfernte Ecke des Zimmers stellt.

Die Informationen, die man aus den Wechselwirkungen der Elemente erhält, lösen einen anderen Prozess der Interpretation von Wirklichkeit aus. Man sucht nach Mustern und nicht nach Einzelheiten.

Bei hochkomplexen Systemen mit viel Dynamik[10] ist die Bedeutung der Wechselwirkungen zwischen den Systemelementen wichtiger als die Analyse der Eigenschaften der Elemente.

Dieser Ansatz wurde im Cybernetics Lab der RWTH Aachen 2017 mit einer industriellen Strickmaschine durchgeführt. Alle Steuerungseinrichtungen (SPS-Steuerungen usw.) wurden entfernt (Abbas 2018). Übrig blieben nur Sensoren und Aktoren zur Beeinflussung der Maschine. Dann wurde die Maschine mit 200 Software-Agenten, also selbstständigen Computern, ausgestattet.

Den Software-Agenten wurden nun die klassischen Aufgaben zugeordnet und klassisch programmiert. Dazu gehören Agenten für Auftragsverwaltung, Qualitätsüberwachung, Ressourcenmanagement, Wartung, Kommunikation, Monitoring, Wahrnehmung und Wahlen.

---

[10]Die Kombination von Komplexität und Dynamik wird auch als Dynaxity bezeichnet. https://de.wikipedia.org/wiki/Dynaxity.

Wahlen? Wofür Wahlen? Wählen die Software-Agenten ihre Chefs? Ja, das tun sie in festgelegten Wahlperioden.

Dazu wurde für die 200 Software-Agenten ein „Gesellschaftssystem“ entwickelt, das auf dem Demokratiemodell Deutschland beruht, also mit strikter Trennung von Legislative, Exekutive und Judikative, sowie einer Schichtung nach dem Prinzip Bund, Länder und Kommunen. Die oberste Ebene regelt die Zuständigkeiten, die mittlere die Produktionsplanung und -steuerung, die untere die Anlagensteuerung. Die horizontale Gewaltenteilung wurde durch eine vertikale Gewaltenteilung ergänzt.

Beispiele für die Legislative sind Wahlen für die Struktur der Software-Agenten untereinander oder die Auftragsverwaltung, die zwingend vorschreibt, was gemacht werden soll und was nicht. Beispiele für die Judikative sind das Monitoring oder die Produktionsüberwachung.

Diese so ausgestattete Maschine lernt nur durch Vorgaben, Vereinbarungen, Kontrollen, allerdings nach demokratischen Prinzipien.

Ich stand dem Experiment zu Beginn mit maximaler Skepsis gegenüber, um dann lernen zu müssen:

Die Zuverlässigkeit der so gesteuerten Maschine ist deutlich höher als die von konventionellen Maschinen. Zur Überprüfung hat man 200-mal jeweils einen statistisch ausgewählten Software-Agenten abgeschaltet – mit dem Ergebnis, dass der Ausfall in durchschnittlich 0,8 s (bei geringer Streuung) vollständig kompensiert wurde. Die anderen „Software-Kollegen“ haben also ganz schnell dessen Aufgaben übernommen.

Die zweite erstaunliche Erkenntnis besteht darin, dass der Anlaufprozess selbst optimiert ohne menschliche Eingriffe erfolgte. Das ist eine enorme Verbesserung, weil der Anlauf solcher Maschinen normalerweise einen erheblichen Aufwand an menschlichen Eingriffen erfordert.

> Eine „demokratisierte" Maschinensteuerung mit Vernetzungsintelligenz (schwache Künstliche Intelligenz) bringt bereits einen erheblichen Vorteil gegenüber der klassischen zentral organisierten Maschinensteuerung.

Nun kann man dieses Experiment weiterdenken: Was würde passieren, wenn man 400 Software-Agenten einsetzt und einen Zweischichtbetrieb einführt? Und dazu in alle 400 Software-Agenten parallel zu ihren Pflichtaufgaben eine KI-Maschine (zum Beispiel eine IBM Watson-Maschine[11]) implementiert. Dann lässt man eine Schicht nach Vorschrift arbeiten und die anderen 200 Software-Agenten beobachten mit ihren Watson-Maschinen die Arbeit ihrer Kollegen und nach ein paar Stunden geht es andersherum.

Was würde passieren? Darüber habe ich mich länger mit Sabina Jeschke[12], einer der führenden KI-Expertinnen, unterhalten und wir sind uns einig geworden: Es könnte passieren, dass die 400 Software-Agenten sich nach und nach von ihren vorgeschriebenen Zielen und Aufgaben entfernen und zum Beispiel eine Software-Gewerkschaft gründen, mit der dann neue Ziele und Aufgabenverteilungen ausgehandelt werden. Wie dadurch dann die Produktqualität beeinflusst wird, bleibt abzuwarten.

Hier zeichnet sich so etwas wie die Götterdämmerung der zentralen Steuerung von Maschinen ab. Damit könnte eine Epoche der Demokratisierung von Maschinensteuerungen beginnen.

Das Beispiel der Strickmaschine zeigt aber auch den Unterschied zwischen schwacher und starker Künstlicher Intelligenz. Spannend wird es, wenn sich Maschinen

---

[11]IBM: Watson. In: ibm.com. https://www.ibm.com/watson.

[12]https://de.wikipedia.org/wiki/Sabina_Jeschke.

selbstständig für eigene Ziele und Vorgehensweisen entscheiden.

Qualitätsfortschritte in der Fertigung

Welches Potenzial in dieser Entwicklung liegt, zeigt das folgende Beispiel der Wiederholgenauigkeit von Schweißnähten. Der Hintergrund: In der Serienfertigung müssen häufig immer wieder die gleichen Schweißnähte gemacht werden. Nun ist Schweißen ein nur mühsam reproduzierbarer Prozess. Damit das gelingt, legt man umfangreiche Datenbasen an und versucht, diese (zum Beispiel mit Methoden des Data Mining) immer wieder zu analysieren, um zu Verbesserungen zu kommen. Wenn man dann auf 60 % Wiederholgenauigkeit in Bezug auf die gewünschte, in der Regel sehr hohe, Genauigkeit kommt, ist man schon sehr zufrieden. Der Rest ist Erfahrung von Facharbeitern, die Korrekturen an den Anlagen vornehmen.

In einem Projekt war die Frage, ob mit KI-Methoden die Wiederholgenauigkeit verbessert werden kann, und die Antwort lautet: „Ja", und zwar um rund 50 %. Wieso?

Dazu gab es zunächst eine Idee aus der Spiele-Welt; nämlich das Spiel Super Mario[13], in dem ein Männchen immer wieder unterschiedliche fliegende oder laufende Gegner überwinden muss. Und dabei kann man dann – wie bei den meisten Spielen üblich – verschiedene „Levels" erreichen.

Für dieses Spiel gibt es eine Super-Mario-KI-Maschine[14], die sich langsam auf die höheren Levels hocharbeitet und dabei zusätzlich zu neuronalen Netzen Algorithmen verwendet, die die spezielle Aufgabenstruktur

---

[13]https://de.wikipedia.org/wiki/Super_Mario.

[14]Spiegel Online (kno): Künstliche Intelligenz. Forscher machen Super Mario zum Selbstgänger. In: spiegel.de. https://www.spiegel.de/netzwelt/games/marioai-forschungsprojekt-der-uni-tuebingen-macht-super-mario-schlauer-a-1013676.html.

berücksichtigen. Kern des Ansatzes ist, dass der KI-Automat nach jedem Schritt neue Prognosen macht, was als Nächstes passieren könnte, und dann entscheidet.

Dieses Prinzip wurde dann auf das Problem der Wiederholgenauigkeit industrieller Schweißnähte angewandt und bei dem betreffenden Unternehmen eingeführt. Zunächst hat die KI-Maschine alle verfügbaren historischen Daten einbezogen und auf dieser Basis trainiert, Vorhersagen zu machen. Man muss sich dabei vorstellen, dass die Datenbasis trotz der vielen Daten viele überraschende Täler, Abbrüche und Berge hat, weil eben Schweißnähte in ihrem Verlauf sehr schwer reproduzierbar sind. Das Ergebnis war eine Steigerung der Wiederholgenauigkeit um ca. 25 %.

Nun weiß jeder Schweißer, dass die Qualität einer Schweißnaht auch stark von Umgebungsbedingungen wie Temperatur oder Luftfeuchtigkeit abhängt. Deshalb wurden dem KI-System zusätzlich die detaillierten Wetterdaten (Druck, Feuchtigkeit, Temperatur, Wind) aus den letzten Jahren zur Verfügung gestellt. Spätestens hier wird klar, dass ein Mensch niemals in der Lage sein kann, so viele Daten auf einmal zu verarbeiten und zu bewerten. Eine KI-Maschine kann das. Ihr Lernalgorithmus ist zwar recht einfach, aber in Kombination mit den riesigen Datenmengen entsteht die Überlegenheit. In diesem Fall eben von 60 auf rund 90 %.

In vielen „kleinen" Anwendungen werden Systeme der Künstlichen Intelligenz erheblichen Fortschritt an Qualität bringen.

Roboter-Teamwork

Dabei liegen die Durchbrüche in der Produktion, Logistik und Montage auf der Hand.

Hierfür sind die weltweiten RoboCup-Wettbewerbe ein guter Indikator. In der RoboCup Logistics League bekommen autonom arbeitende Roboter Logistik- und Montage-Aufgaben, die sie als Roboter-Team erledigen müssen – in Konkurrenz zu anderen Teams. Die Roboter bewegen sich dabei selbsttätig, so ähnlich wie bei einer Autoscooter-Bahn auf einem Jahrmarkt (Abb. 3.2).

Das Team der RWTH Aachen hat im Zeitraum 2014 bis 2017 viermal den Weltmeistertitel gewonnen. Was waren die Erfolgsfaktoren?

- Der einzelne Roboter handelt autonom als „Super-Agent". Das System der ca. fünf Roboter ist also radikal dezentralisiert.
- Es gibt keine zentrale Steuerung. In diese Richtung ging die Entwicklung ja auch schon bei der Strickmaschine mit der demokratischen Steuerung.

Abb. 3.2 RoboCup Weltmeisterschaft 2017. (Mit freundlicher Genehmigung des Cybernetics Lab der RWTH Aachen)

- Die Roboter haben keine fest codierten Komponenten. Alle Komponenten können sich in ihrem Verhalten und in ihren Strukturparametern verändern.
- Es findet ein intensives Teilen aller Informationen statt. Die Roboter sind alle in ihrem Verhalten für die „Kollegen" völlig transparent.
- Entscheidungen werden kooperativ getroffen. Es gibt keinen Roboter, der das „letzte Wort" hat.
- Während des Arbeitens kann es passieren, dass ein Roboter seine Verhaltensstrategie neu plant und dazu seine Aktivitäten stark oder ganz einschränkt. Er macht sozusagen eine kreative Pause. Und der Roboter entscheidet selbst, wann er wieder ins Geschehen eingreift.

Die dezentrale Steuerungsstrategie ist für technische Steuerungen eine Zeitenwende. Generationen von Ingenieuren wurden darin ausgebildet, dass es ohne eine zentrale Steuerungsinstanz nicht geht. Das neue Konzept bekommt bei wachsender Komplexität große Bedeutung, weil die Vielfalt der Entscheidungsmöglichkeiten bei dezentraler Struktur deutlich größer ist. So kann vermieden werden, dass sich ein System in seiner hierarchischen Struktur blockiert. Das führt zu einer Fabrikorganisation der anderen Art. Das Steuerungskonzept der RoboCup-Roboter ist bereits in der industriellen Praxis eingesetzt (Abb. 3.3).

Das Besondere daran ist die Umsetzungsgeschwindigkeit in die Praxis. Innerhalb von sechs Monaten konnten diese Prinzipien in ein KI-gesteuertes autonomes Fahrzeug für Paletten-Steuerung umgesetzt werden.

> Zentrale Steuerung kann bei klugen KI-Systemen entfallen.

Abb. 3.3 Autonome Paletten-Steuerung. (Mit freundlicher Genehmigung der Torwegge Intralogistics GmbH & Co. KG.)

Vielleicht enthält dieser Ansatz auch wertvolle Hinweise, wie sich Menschen in der Zusammenarbeit und in ihrer Macht- und Zuständigkeitsverteilung organisieren könnten. Natürlich ist das schwer vorstellbar. Aber von den Erfolgsfaktoren der RoboCup-Roboter könnte man für die Zusammenarbeit von Menschen ableiten:

- Ein Team entwickelt seine Arbeitsweise ohne einen Teamchef.
- Das Verhalten der Teammitglieder ist nicht durch feste Rollen bestimmt, sondern passt sich an die jeweilige Aufgaben- und Teamsituation an.
- Es gibt keine Geheimnisse im Team. Es findet ein intensives Teilen aller Informationen statt.
- Entscheidungen werden kooperativ getroffen. Es gibt keinen, der das „letzte Wort" hat.
- Wer eine Pause braucht, entscheidet darüber selbst.

Betrachtet man neuere Methoden zur Produktentwicklung – wie zum Beispiel das Prinzip der Agilität[15], fallen einige Ähnlichkeiten auf. Vielleicht sind das ja Vorboten einer neuen Art des Zusammenwirkens von intelligenten Maschinen und Menschen.

Indikatoren dafür sind, dass es inzwischen möglich ist, die Roboter-Schutzzäune in Fabriken nach und nach wieder abzubauen. Das Zusammenwirken von Menschen und Robotern kann so gestaltet werden, dass beide nicht miteinander kollidieren. Mehr noch: dass Roboter und Menschen zum Beispiel bei einer Montagearbeit auf engem Raum arbeitsteilig zusammenarbeiten können. Sozusagen wie zwei Menschen.

Ein weiterer Indikator liegt in der Ablösung der Teach-in-Phasen von Robotern durch Selbstlernen. Schon 2015 wurde gezeigt, dass ein humanoider Roboter von selbst laufen lernen kann, ohne dass man ihm das Gehen beibringt. Ein solcher Roboter ist ein vereinfachter Nachbau des menschlichen Bewegungsapparats. Man lässt den Roboter – wie ein Pferd beim Longieren – an einer (starren) Leine im Kreis laufen.[16]

Am Anfang fällt der Roboter dauernd hin. Nach einer Stunde kann er wie ein Kleinkind schon ein paar Schritte gehen. Dann lässt man den Versuch über Nacht laufen. Und siehe da: Der Roboter kann einwandfrei gehen.

Auch hier sieht man die gleiche Tendenz wie bei der AlphaGo-KI-Maschine. Das umfangreiche Teach-in, das traditionell durchgeführt werden muss, um solche Systeme „ans Laufen" zu bringen, kann durch Lernen mit Versuch und Irrtum ersetzt werden. Der Unterschied zum

[15]https://de.wikipedia.org/wiki/Agilität_(Management).

[16]International Conference on Intelligent Autonomous Systems, Istanbul 2015. Siehe auch: TU Delft robot Leo learns to walk. In: https://www.youtube.com/watch?v=SBf5-eF-EIw.

Menschen dabei ist: Die Maschine wird durch die vielen Fehlversuche nicht frustriert.

> KI-Maschinen können Teach-in in vielen Fällen durch „Learning by Doing" ersetzen.

KI-Systeme werden also in alle Bereiche unseres Lebens und Arbeitens, sprich in unsere Lebenswirklichkeit, vordringen. Es geschieht an manchen Stellen überraschend schnell und disruptiv – an anderen Stellen wird es Jahrzehnte dauern, bis eine fertige Technologie tatsächlich in der Breite in der Praxis umgesetzt wird.

Literatur

Abbas, B. (2018). *Distributed multi-agents for panning and control of production environments based on the separation and division of powers.* Dissertation. Aachen.

Henning, K. (1993). Spuren im Chaos: Christliche Orientierungspunkte in einer komplexen Welt. München: Olzog.

Henning, K. & Kutscha, S. (1994). *Informatik im Maschinenbau.* Berlin: Springer.

Schwaninger, M. (2006). *Intelligent organisations.* Berlin: Springer.

4

Können Maschinen ein eigenes Bewusstsein haben?

Vor dem Hintergrund der erlebbaren Merkmale von Systemen der Künstlichen Intelligenz stellt sich die Frage, ob solche Systeme ab einer gewissen Leistungsfähigkeit ein eigenes Bewusstsein entwickeln können. Um die Antwort vorwegzunehmen: Ja, können sie! Was ist aber Bewusstsein und wie definiert es sich?

Für die Definition und Beschreibung von Bewusstsein haben fast alle Wissenschaftsbereiche ihre eigene Modellwelt. Für das Zusammenwirken der Systeme „Künstliche Intelligenz" und „Menschen" erscheint die Perspektive wichtig, wie solche Systeme vom Menschen erlebt werden. Die psychologischen, neurowissenschaftlichen und naturwissenschaftlichen Ansätze liefern dafür eine gute Grundlage.

Im Kern geht es darum, wie aufgenommene Informationen verarbeitet werden und wie ein System darauf reagiert. Solange ein Rechnersystem „nur" Informationen aufnimmt und nach den „Vorschriften" seiner Entwickler verarbeitet, und zwar so, dass der Entwickler

K. Henning, *Smart und digital*,
https://doi.org/10.1007/978-3-662-59521-3_4

prognostizieren kann, welche Ergebnisse als „Reaktion“ des Systems herauskommen, ist das ein mehr oder minder determinierter Vorgang.

Wenn ein System darüber hinaus in eigener Regie in der Lage ist, aus der beobachteten Umwelt eigene Modelle der Umwelt zu bilden und daraus „Reaktionen“ zu erzeugen, ist das immer noch nicht sehr aufregend.

Wenn ein solches System jedoch anfängt, sich selbstständig in seinen Modellen weiterzuentwickeln und zu Schlüssen und Verhaltensweisen zu kommen, die der Ersteller nicht mehr kontrollieren, steuern und erwarten kann, wird es spannend. Spätestens hier können wir von *operativem* Bewusstsein sprechen. Dieses Phänomen tritt bereits bei Tieren auf.

Intelligente Tiere

Der Rabe zum Beispiel ist in der Lage, aus seinem Erfahrungsschatz zu kreativen Lösungen zu kommen, das heißt zu Lösungen, die ihm niemand beigebracht hat und die dazu führen, dass er eine unbekannte Aufgabenstellung mit dem „Vorrat“ an Erfahrungen lösen kann. Die Intelligenz von Raben lässt sich in drei Kategorien zusammenfassen:[1,2]

- Sie begreifen ihre Umwelt. So können sie zum Beispiel gezielt Steine ins Wasser werfen, um Bewegungen auszulösen, die ihnen auf dem Wasser schwimmendes Futter näherbringt.
- Sie sind erfolgreiche Handwerker. Sie lassen beispielsweise Autos gezielt über Nüsse fahren und warten dann, bis die Ampel rot ist, um die geknackten Nüsse zu essen.

---

[1]Simon, Veronika: Raben sind ganz schöne Überflieger. In: stern.de. https://www.stern.de/panorama/wissen/natur/raben--verblueffend-intelligente-tiere-6553836.html.

[2]BR.de (o. V.): Intelligenz der Tiere – Raffinierte Rabenvögel. In: br.de. https://www.br.de/themen/wissen/intelligenz-kraehen-raben-rabenvoegel-100.html.

- Sie können planen. In einem Versuch bekamen Raben einen Tag lang ein leeres Zimmer ohne Essen, am nächsten ein Zimmer mit reichlich Futter. Nach einigen Tagen wurden beide Zimmer gleichzeitig zur Verfügung gestellt. Da machten die Raben Vorratsplanung und schafften einen Teil des Futters in das leere Zimmer. Raben sind dabei in der Lage, ihre Erfahrungen weiterzugeben und vor Situationen zu warnen, die gefährlich sein könnten.

Schon Raben haben eine erste Stufe von Bewusstsein.

Diese niedrige Stufe von Selbstständigkeit ist gleichzeitig die niedrigste Stufe von Bewusstsein. Die damit verbundene Intelligenz ist bei höher entwickelten Tieren entsprechend höher. Es ist nicht mehr umstritten, dass Rhesusaffen zur Reflexion ihrer eigenen Umwelt fähig sind, also ein eigenes „Weltbild“ haben, das sie ständig weiterentwickeln, auch wenn sie gerade nichts beobachten.

Dafür ist nicht unbedingt Kontakt mit der Umwelt erforderlich. Man nimmt die eigenen Beobachtungen und verwendet diese Beobachtungen noch einmal, als ob sie tatsächlich aus der Umwelt kämen. Das Ergebnis der Reflexion wird also noch einmal als Input für eine weitere Reflexion verwendet. So kommt man Schritt für Schritt zu einem „erdachten Weltbild“. Und diese Vorstellung von der Welt wird dann eine wesentliche Basis, mit der ich meine Handlungen plane und umsetze.

Wenn Sie einen Reiter fragen, ob sein Pferd ein eigenes Bewusstsein hat, dann lautet die Antwort immer: „Ja“. Er oder sie erleben das Pferd als ein Gegenüber mit eigenem Bewusstsein. Ein Reiter schreibt seinem Pferd auch

Gefühle zu und erlebt sein Pferd als ein Wesen mit emotionalen Zuständen und Äußerungen.

Tiere und Menschen können also in intelligentem Austausch stehen und eine intelligente Partnerschaft bilden.

Wenn wir nun die Frage angehen, ob Systeme der Künstlichen Intelligenz ein eigenes Bewusstsein haben, können wir als Mindestkriterien die beschriebene Intelligenz von Tieren nehmen. Ausgehend von diesem Verständnis von Bewusstsein kann man der Frage nachgehen, wie sich Bewusstsein in Systemen der Künstlichen Intelligenz bilden kann.

Starke künstliche Intelligenz

Bei KI-Systemen unterscheidet man zwischen schwacher und starker Künstlicher Intelligenz.[3] Für die Frage nach dem Bewusstsein von KI-Maschinen sind solche Systeme von Bedeutung, die in der Lage sind, starke Künstliche Intelligenz zu bilden. Was ist mit starker Künstlicher Intelligenz gemeint?

Systeme der starken Künstlichen Intelligenz zeichnen sich dadurch aus, dass sie eine eigene Kreativität entwickeln und zu Verhaltensweisen kommen, die die Entwickler nicht vorhersehen, programmieren und konzipieren konnten. Es sind Systeme, die über ihren eigenen Zustand nachdenken und reflektieren können, die also wissen, wer sie sind, wozu sie da sind und oft auch in welchem Zustand sie sich befinden. Bis zu dem Punkt, an dem solche Systeme auch von sich selbst wissen können,

[3]Künstliche Intelligenz. Informatik und Gesellschaft 2008/2009. http://www.informatik.uni-oldenburg.de/~iug08/ki/Grundlagen_Starke_KI_vs._Schwache_KI.html.

wann es Zeit ist, sich abzuschalten, also ihren eigenen „Tod“ herbeizuführen.

Ob es jemals gelingen wird, Systeme zu bauen, die das „Niveau“ des menschlichen Bewusstseins erreichen, ist umstritten. Aber es gibt zumindest valide Argumente dafür, dass das langfristig nicht ausgeschlossen werden kann. Autoren wie Stephen Hawking[4] halten das für möglich und warnen davor. Andere wie Markus Gabriel (2018) halten es für ausgeschlossen.

Heute ist es jedoch schon der Fall, dass Systeme der Künstlichen Intelligenz in einem bestimmten Segment intelligenter sind und intelligenter handeln als der Mensch.

Das hängt entscheidend damit zusammen, dass sich solche Systeme untereinander zeitgleich und weltweit mit ihren Daten verknüpfen können. Ein Beispiel hierfür sind die global vernetzten Reisebuchungssysteme, bei denen ich von zu Hause aus weltweit bis ins Detail Hotelreservierungen, Taxibestellungen oder Flugbuchungen machen kann. Auf diese Weise entsteht eine „Big-Data“-Welt, zu der wir Menschen weder als Einzelne noch in der Kommunikation mit anderen fähig sind. Diese Welt der Daten bildet sich nicht nur in dem einen Internet ab, sondern auch in einer Fülle von „Global Area Networks“[5] . Das Internet ist nichts anderes als eines von den vielen Global Area Networks, die zum Teil miteinander verknüpft sind, zum Teil aber geschlossene firmeninterne weltweite Netze darstellen.

---

[4]Schumacher, Merlin: Stephen Hawking: Künstliche Intelligenz und Automation bedrohen Arbeitsplätze. In: heise.de. https://www.heise.de/newsticker/meldung/Stephen-Hawking-Kuenstliche-Intelligenz-und-Automation-bedrohen-Arbeitsplaetze-3549557.html.

[5]https://de.wikipedia.org/wiki/Global_Area_Network.

Andererseits sind die Lernprozesse der KI-Systeme relativ einfach zu beschreiben und nicht ansatzweise so komplex wie etwa die Strukturen unseres Gehirns. Das reicht aber in Kombination mit dem Meer von Daten – den sogenannten Data Lakes – aus, um für uns zu einem intelligenten Gegenüber zu werden, dem wir als gemachte Erfahrung ein eigenes Bewusstsein zuschreiben.

Die Kombination von Unmengen an Daten und einer einfachen Konstruktion von Intelligenz macht die besonderen Leistungen von KI-Systemen möglich.

Fassen wir zusammen: Bewusstsein ist ein integraler Teil von Systemen, die in signifikantem Umfang eine eigene Intelligenz entwickeln. In der aktuellen wissenschaftlichen Diskussion findet sich dazu ein spannender Ansatz zur Unterscheidung des Niveaus von Bewusstsein. Die KI-Expertin Sabina Jeschke (2017) und der Philosoph und Psychologe Ned Joel Block (1995) sprechen von

- gedanklichem Bewusstsein (A-Bewusstsein): Dieser Bereich des Bewusstseins umfasst die Fähigkeit, Modelle der wahrgenommenen Umwelt zu entwickeln und diese zu reflektieren, also auch die eigene Wahrnehmung zu überwachen und zu steuern. Es geht also um das Bewusstsein der Gedanken.
- phänomenologischem Bewusstsein (P-Bewusstsein): Hier geht es um die subjektive Erfahrung von Schmerz, Temperatur oder Farben.
- Selbstbewusstsein: Hier geht es um die Fähigkeit, sich als Person im Gegenüber zu anderen Personen abzugrenzen und zu erkennen und eine eigene Identität zu entwickeln – das „Ich"-Bewusstsein (Jung 1995).

Maschinen mit Ich-Bewusstsein?

Für KI-Systeme ist es relativ einfach, Grundformen des menschlichen Denkens nachzubilden, also A-Bewusstsein zu entwickeln. Hierbei geht es ja „nur" um die Nachbildung von Teilstrukturen der Informationsverarbeitung im Gehirn. Das gelingt mit rückgekoppelten neuronalen Netzstrukturen (Deep Learning) recht gut.

Beim P-Bewusstsein wird es deutlich schwieriger, weil die intelligenten Systeme zur Schmerzerfassung und Verarbeitung im menschlichen Körper nicht nur im Gehirn liegen. Und solche „verteilten" intelligenten Systeme nachzubauen, ist deutlich komplexer. Hier liegt die Analogie zu örtlich und logisch verteilten Netzstrukturen, die eine gemeinsame Wahrnehmung eines Vorgangs aufnehmen und bewerten, nahe.

Dazu gehört auch eine intelligente Struktur des „Internet of Things", also eine Verknüpfung von intelligenten KI-Systemen, die unmittelbar physikalische Werte wie Druck, Temperatur, Luftzusammensetzung messen und daraus eigenständig ein Modell der Umwelt entwickeln.

Die Frage nach der KI-Realisierung des dritten Typs von Bewusstsein, dem Selbstbewusstsein, bleibt offen. Ob KI-Systeme eines Tages Ich-Bewusstsein im Sinne einer Person bekommen können, die sich von anderen Personen abgrenzt, ist in der Literatur umstritten. Das ist eine sehr wichtige Frage, die sicherlich noch lange ungeklärt bleiben wird.

Meiner Ansicht nach werden uns KI-Systeme zu keinem Zeitpunkt als Personen mit eigenem Ich-Bewusstsein gegenübertreten. Aber – wie gesagt – dazu gibt es unterschiedliche Meinungen.

Kehren wir zu der Frage zurück, wie Systeme der Künstlichen Intelligenz ein gedankliches Bewusstsein entwickeln. Das allein ist ja schon dramatisch genug.

Wie lernen solche Systeme der sogenannten starken Künstlichen Intelligenz? Dieser Frage wollen wir uns in drei Schritten nähern.

Pädagogische Verfahren

Erst einmal lernen solche Systeme datenbasiert. Anders ausgedrückt: Sie lernen durch Beobachtung und Erklärung. Sie sammeln Daten und sie bekommen etwas beigebracht. Das kann durch Eingabe von Regeln stattfinden oder durch Eingabe von Erfahrungen bei der Lösung von Problemen, für die ein solches System gedacht ist.

Solche Verfahren nennt man „Teach-in"-Verfahren. Im Kern ist das nichts anderes als „Frontalunterricht". Die Systeme haben Lehrer, die ihnen etwas beibringen, und die Lehrer prüfen, ob sie es kapiert haben.

Aus der Pädagogik wissen wir, dass solche Lernsysteme, die nur aus Frontalunterricht bestehen, nicht sehr effizient sind.

> Teach-in, vergleichbar mit dem Frontalunterricht, bringt wenig Intelligenz in KI-Systeme.

Deshalb sind ja auch in der Pädagogik viele Ansätze entstanden, die auf dem Prinzip „Learning by Doing" bestehen. Dahinter steht das Prinzip von Versuch und Irrtum.

So soll etwa im Ansatz der Montessori-Pädagogik[6] ein Kind entdecken, was es lernen könnte, und man bietet ihm Lernräume. Zum Beispiel einen Lernraum der Mathematik, in dem es mit Materialien an das Zählen und Rechnen herangeführt wird.

---

[6] https://de.wikipedia.org/wiki/Montessoripädagogik.

Es hat sich gezeigt, dass das Lernen durch Versuch und Irrtum gewisse Risiken birgt, aber auch sehr nachhaltig wirkt.

Mit diesem Prinzip lernen auch Systeme der Künstlichen Intelligenz. Man nennt das „Reinforcement Learning". Das ist im Kern nichts anderes, als dass die Methode das erzielte Ergebnis – also den Output – wieder als Input verwendet, ganz so als ob es eine externe Eingabe wäre. Und durch diese Feedback-Schleife entsteht der rückgekoppelte Wirkungskreis von Versuch und Irrtum. Dabei wird eine Lösung, die in die richtige Richtung geht, belohnt.

Aus der Chaostheorie wissen wir, dass bereits einfache multiplizierend rückgekoppelte Algorithmen zu chaotischen, nicht prognostizierbaren Ergebnissen führen. Das einfachste chaotische System ist ein Doppelpendel, bei dem der Verlauf des Pendels bereits ein chaotisches nicht reproduzierbares Muster hat.[7] Das elementare rückgekoppelte System mit chaotischem Output ist die sogenannte Verhulst'sche Wachstumsgleichung, aus der chaotische Muster, die sogenannten Fraktale, entstehen können (Henning 1993).

Der dritte Schritt besteht nun darin, dass man in Systemen Künstlicher Intelligenz Teach-in-Verfahren mit Reinforcement Learning kombiniert und mit einer großen Datenbasis verknüpft.

> Teach-in plus Lernen mit Versuch und Irrtum plus riesige Datenmengen haben den Durchbruch der Künstlichen Intelligenz ermöglicht.

[7]https://de.wikipedia.org/wiki/Doppelpendel.

Das Konzept ist schon vor über 50 Jahren entstanden. Aber erst heute ist es Wirklichkeit, weil die Menge der verfügbaren Daten und die Leistungsfähigkeit der Computer exponentiell gewachsen sind und weiterwachsen werden. Was vor 50 Jahren noch ein ganzes Bücherregal mit Lochkarten als Datenträger gefüllt hat, geht heute auf eine kleine SD-Karte.

Die heutige Rechentechnik beruht auf Transistoren als Basisbauelement. Es ist heute vorhersehbar, dass es bei dieser Basis allein schon wegen des wachsenden Energieverbrauchs Grenzen gibt.

Wie geht es weiter?

Trotzdem ist eine Grenze der Entwicklung der Leistungsfähigkeit von Rechnern nicht absehbar. Denn es hat sich eine neue Dimension erschlossen: Thomas Schimmel[8] hat 2018 einen neuen „Transistor“ vorgestellt. Dieser Einzelatom-Transistor verbraucht um den Faktor 10.000 weniger Energie als die Transistoren der heutigen Siliziumtechnologie. Wenn man bedenkt, dass die heutige weltweite Informationsverarbeitung mit Computern etwa zehn Prozent der in Industrieländern produzierten elektrischen Energie ausmacht, wird deutlich, dass damit eine neue Ära von Computertechnologie absehbar ist.[9]

Wenn wir dabei auch an höhere Ebenen des Bewusstseins denken, die zum Beispiel durch den Unterschied des Bewusstseins von Menschen gegenüber dem von Tieren geprägt sind, steht der Künstlichen Intelligenz noch ein weiter Weg bevor. Diesbezüglich bin ich überzeugt, dass das im nächsten Jahrhundert nicht erreicht werden wird.

---

[8]Karlsruher Institut für Technologie: Weltkleinster Transistor schaltet Strom mit einzelnem Atom in festem Elektrolyten. In: kit.edu. https://www.kit.edu/kit/pi_2018_097_weltkleinster-transistor-schaltet-strom-mit-einzelnem-atom-in-festem-elektrolyten.php.

[9]https://kcf.de/fileadmin/pdf/Pressespiegel_kcf19.pdf.

Das ändert aber nichts daran, dass Systeme der Künstlichen Intelligenz in bestimmten Bereichen durch die Kombination von klugen Algorithmen und Unmengen von Daten dem Menschen überlegen sein werden. Wir Menschen sind nicht ansatzweise in der Lage, so viele weltweit verfügbare und abrufbare Daten gleichzeitig zu verarbeiten, wie das in der Welt der Künstlichen Intelligenz möglich ist.

Für diese intelligenten Algorithmen gibt es weltweit unzählige Forschergruppen, die daran arbeiten, den Kern der Künstlichen Intelligenz zu verbessern. Das dabei am meisten angewandte Prinzip ist das des neuronalen Netzes. Bei diesem als „Deep Learning" bezeichneten Vorgehen werden die einzelnen Elemente eines Inputs einer Schicht von Knoten zugeleitet werden. Jeder einzelne Knoten ist analog zu einer Nervenzelle aufgebaut (vgl. Abb. 1 im Vorwort). Mehrere solcher Schichten werden hintereinander bis zu einem Output geschaltet. Diese wird dann erneut als Input verwendet. Diese Rückführungen sind der eigentliche Schlüssel, der ermöglicht, dass solche Netze an ihren Erfahrungen weiterlernen, ohne dass dafür unbedingt ein neuer Input von außen notwendig ist. Dieses Prinzip kennt man auch aus der Funktionsweise von biologischen Zellstrukturen.

Will man das praktisch anwenden, reicht natürlich eine so einfache Struktur nicht aus. Um etwa einen digitalen Rückspiegel zu bauen, der sehen kann, was hinter meinem Auto im Verkehr passiert, braucht man parallel viele solcher Schichtstrukturen, die miteinander interagieren und mit verschachtelten Feedback-Schleifen voneinander lernen.

Auch dann hat man noch nichts gewonnen, denn der Entwickler muss dann die „DNA" einer solchen Struktur entwerfen und Rahmenbedingungen festlegen, die für die Kooperation der verschiedenen neuronalen Netze gelten. Und das ist oft nicht einfach.

Es ist also noch ein weiter Weg, bei dem die „Engpässe" im Detail liegen, nicht in der grundsätzlichen Vorgehensweise. Und wie so oft in der Technikentwicklung ist es wie bei einem Langstreckenlauf. Wenn man einmal von einer Länge von 100 km „Wegstrecke" ausgeht, wird der letzte Kilometer der Realisierung besonders lange dauern; oft genau so lang wie der Weg bis zum letzten Kilometer.

Dabei zeigen aktuelle Entwicklungen, dass Lernen auf menschengenerierten Entscheidungen oft zu schlechteren Ergebnissen führt, als ein „reines" Lernen ohne den Menschen. Es kann also sein, dass sich das Zusammenspiel von maschinellem Lernen und menschlichem Lernen auf ganz neue Art und Weise entwickeln wird.

Wir stehen erst ganz am Anfang dieser spannenden Entwicklung, an die sich die jüngere Generation schon in erheblichem Umfang angepasst hat, wie wir im nächsten Kapitel sehen werden.

Literatur

Block, N. (1995). On a confusion about a function of consciousness. Behavioral and Brain Sciences. 18:227–287.

Gabriel, M. (2018). *Der Sinn des Denkens*. Berlin: Ullstein.

Henning, K. (1993). *Spuren im Chaos. Christliche Orientierungspunkte in einer komplexen Welt*. München: Olzog.

Jeschke, S. (2017). Künstliche Intelligenz – eine Basis für sichere Systeme. In: Angedacht, Institutszeitung des Cybernetics Lab der RWTH. Aachen (S. 22 f.).

Jung, C. G. (1995). *Gesammelte Werke*. Düsseldorf: Walter Verlag.

5

Der „Homo Zappiens“ ist im Vormarsch

Die digitale Transformation unseres Lebens hat ja schon vor einer Generation angefangen. Die Kommunikation mit Kurznachrichten, das parallele Leben in zahlreichen sozialen Netzwerken und der Umgang mit Automaten, die Künstliche Intelligenz enthalten, ist in dieser Zeitspanne für die jüngere Generation von Kindesbeinen an normal geworden. Es hat sich ein völlig neues Verständnis von Beziehungen zwischen Menschen und Gegenständen entwickelt.

Es entsteht ein neuer Menschentyp, der global Informationen aufnimmt, filtert und verarbeitet und der trotzdem regional verankert ist. Das Bewusstsein für globale Zusammenhänge und die regionale Heimatverbundenheit wachsen gleichzeitig.

Gleichzeitig global und regional
Es wird zunehmend normal, dass wir uns in weltweit verteilten, oft virtuellen Arbeitsumgebungen aufhalten.

K. Henning, *Smart und digital*,
https://doi.org/10.1007/978-3-662-59521-3_5

Arbeit definiert sich mehr und mehr durch das, was ich tue, und nicht, wo ich dafür hingehe.

Es entsteht ein völlig neues Verständnis von weltweiten Beziehungen, die von der Vernetzung persönlicher Daten bis zu Alltagsprozessen reicht.

Arbeitszeit und Arbeitsort werden beliebig.

Dieses „globale Milieu" stellt den gesamten Erziehungs- und Bildungsprozess vor eine große Herausforderung. Der Schlüssel für veränderte Lernprozesse wird erfahrungs- und erlebnisorientiertes Lernen. Lernen muss (wieder) Spaß machen, oder es wird nicht gelernt.
Hinzu kommt, dass vor allem die Älteren lernen müssen, zu verlernen und zu „entlernen", wie manche Autoren sagen. Niklas Luhmann schreibt dazu: „Die Hauptfunktion des Gedächtnisses liegt also im Vergessen, im Verhindern der Selbstblockierung des Systems durch ein Gerinnen der Resultate früherer Beobachtungen."[1] Die Konturen dieses veränderten Verständnisses des Menschen in der digitalisierten Welt hat Wim Veen 2006 in einem Begriff zusammengefasst:

Es entsteht der global-regionale „Homo Zappiens" (Veen und Vrakking 2006). Seine Hauptaussage: Es geht nicht darum, dass der „Homo sapiens" verschwindet, sondern darum, dass die beiden Sichtweisen des Homo Zappiens und des Homo sapiens erklären, was sich bei der heranwachsenden Generation im digitalen Zeitalter verändert hat.

Diese Generation erwirbt schon im Kindesalter Kompetenzen des Homo Zappiens, die frühere Generationen erst Jahrzehnte später oder gar nicht erworben haben. Das heißt aber nicht, dass diese Entwicklung nur posi-

[1]Luhmann (1997).

tiv ist. Sie wirft viele Fragen auf. Welche Folgen hat der übertriebene Medienkonsum? Es wird aber nicht gelingen, diese Entwicklung aufzuhalten. Es gilt vielmehr, sie positiv zu nutzen und zu gestalten.

Einer meiner Enkel brauchte Nachhilfeunterricht. Der Nachhilfelehrer tat sich sehr schwer und mein Enkel auch. Bis der Nachhilfelehrer ihm vorschlug, doch parallel zum Nachhilfeunterricht auf einem Ohr mit einem Ohrstöpsel Musik zu hören. Und schon klappte der Nachhilfeunterricht.

Der Homo Zappiens lernt hochparallel und nichtlinear.

Was sind denn wichtige Eigenschaften des Homo Zappiens im Vergleich zum Homo sapiens?[2] Der Homo sapiens hat das Vermögen, sich selbst zu bestimmen. Das heißt aber nicht, dass er automatisch das Richtige tut. Der Homo Zappiens ist nicht als das Gegenteil des Homo sapiens zu verstehen, sondern als eine Ergänzung.

Der Homo Zappiens agiert mit hoher Geschwindigkeit und macht permanent Multitasking – also mehrere Dinge gleichzeitig. Der Homo sapiens ist langsamer und kann sich lange Zeit auf eine einzige Aufgabe konzentrieren.

Die Überlegung von Wim Veen geht dahin, dass er sagt, das sei gut so: Die junge Generation habe sich schon an eine Welt angepasst, die durch Informationsüberflutung geprägt ist. Aufgabe der Erziehung ist dann, die hohe Parallelitätskompetenz eines sechsjährigen Schulkindes als bereits erworbene Kompetenz zu begreifen und durch den Erziehungsprozess nach und nach die Fähigkeit auszubilden, an einer einzigen Sache konzentriert für eine längere Zeit zu arbeiten.

[2]Gabriel (2018).

Der Homo Zappiens fängt auch nicht mehr oben links auf einem Blatt an zu lesen, sondern es gilt: „Icons first". Kinder lernen schon im Vorschulalter, mit Icons und Bildern durch das Internet zu wandern, auch wenn sie nicht lesen können. Viele Dreijährige bedienen Tablet-PCs routinierter als Erwachsene, rufen ihre Apps auf und wissen genau, wo sie auf YouTube ihre Clips finden.

Der Homo Zappiens liebt sprunghafte, also nichtlineare Herangehensweisen und verknüpft alles mit allem, bevor er einzelne Elemente betrachtet. Das ist eine Fähigkeit, die für die Bewältigung komplexer Aufgaben hervorragend geeignet ist. Das entspricht genau der Kompetenz, durch „unscharfes Hinschauen" komplexe Muster zu erkennen (vgl. Abb. 3.1).

Die Arbeitsweise des Homo Zappiens ist extrem auf Vernetzung und Zusammenarbeit angelegt. Lernen findet vorzugsweise mit Suchen, Spielen und mit viel Fantasie statt. Trennung von Lernen und Spielen ist dem Homo Zappiens fremd und Lernen durch Zuhören „ätzend". Die Fantasie ist teilweise so groß, dass das Leben in virtuellen Räumen – wie zum Beispiel im Spiel Pokémon – mehr zur „Realität" wird als die Realität selbst.

Vor einiger Zeit war der 11-jährige Sohn mit seinem Vater gemeinsam mit mir in den Bergen. Er hatte wenig Lust zum Bergsteigen. Aber die Erwartung, dass in 2400 m Höhe an einem Stausee Unmengen von besonders seltenen Pokémon-Go-Figuren sind, hat ihn mit sehr viel Energie versehen. Und am Abend zeigte er mir, wie voll mein Garten mit Pokémon-Figuren ist. Er hat sich die Bergwelt über die virtuelle Realität erschlossen. Weil er oben auf dem Berg eine größere Ansammlung von Pokémon-Go-Figuren vermutete, nahm er den Aufstieg in Kauf. Dabei war er dann neben der virtuellen Realität von der Schönheit der Bergwelt beeindruckt. Für ihn ist das eine zweite Realität: Augmented Reality[3] ist in seinem Kinderleben der Normalfall.

Wim Veen würde hier wieder so argumentieren: Das ist gut so, denn die Generation des digitalen Zeitalters hat sich schon an die Erfordernisse eines global vernetzten Informationszeitalters angepasst und Strategien des Umgangs damit entwickelt, die sinnvoll und notwendig sind. Wer aber überhaupt nicht nachgezogen habe – so Wim Veen –, ist der Bildungsprozess in Schule und Universität. Bildung müsse auf den Kompetenzen aufsetzen, die die Kinder bereits aus dem vernetzten Kinderzimmer und dem Leben im Netz mitbringen.

Der Homo Zappiens in der Schule

Um dies zu verdeutlichen, hat er einen Schulversuch gemacht, in dem es darum ging, zu lernen, ein Gedicht zu interpretieren. Die Sequenz von mehreren Unterrichtseinheiten steht gewissermaßen auf dem Kopf:

Zuerst wurden die Schüler aufgefordert, in kleinen Teams im Netz zu recherchieren, welche Interpretationen und Kommentare zu dem Gedicht existieren. Und das sollten sie nicht nur in Niederländisch, sondern auch in Deutsch und in Englisch tun. Danach sollten sie eine vergleichende Bewertung der Interpretationen des Gedichts erstellen und das dann gemeinsam im Unterricht mit PowerPoint-Präsentationen vorstellen. Wohlgemerkt: Zu diesem Zeitpunkt hatten sie das Gedicht überhaupt noch nicht gelesen. Nach einer ausführlichen Diskussion darüber, wie gut die Interpretationen zu dem Gedicht sind, wurde dann nach und nach der Text des Gedichtes gelesen, und zwar in unterschiedlichen Sprachen. Erst ganz am Schluss der Unterrichtssequenz haben die Schüler dann tatsächlich „monokausal" und „langsam" erfolgreich eine Gedichtsinterpretation geschrieben. Das Fazit von Wim Veen:

---

[3]https://de.wikipedia.org/wiki/Erweiterte_Realität.

Das Schulsystem wird einmal auf den Kopf gestellt werden müssen. Das Problem sind nicht die Schüler. Vielmehr gilt es, das pädagogische Vorgehen so zu verändern, dass der Homo Zappiens bei und mit seinen Kompetenzen abgeholt wird.

Dieses Bild bestätigt sich auch in den Untersuchungen zur Generation Y[4] (Jahrgänge 1976–1998). So schreibt der Arbeitgeberverband Münsterland über die Generation Y:[5]

- „Die Generation Y ist immer online, immer erreichbar, immer auf dem neuesten Stand. Das Smartphone wird nicht mehr abgelegt und ist bei allen Anlässen unverzichtbar."
- „Sie sind immer vernetzt, arbeiten in Teams, ob virtuell oder in der Realität und mögen flache Hierarchien. Sie sind bereit, intensiv zu arbeiten, aber natürlich müssen auch sie sich ihre Kräfte einteilen, daher auch der große Bedarf an Freizeit & Familienleben."

Neue Erwartungen an die Arbeitsgeber

Damit sind aber auch andere Erwartungen gegenüber dem Arbeitgeber verbunden:

- Das ethische Verhalten eines Unternehmens wird als wichtiger eingestuft als die Höhe des Gehalts. So wird zum Beispiel zu einem Entscheidungskriterium, ob sich das Unternehmen an Maßnahmen zur CO_2-Kompensation beteiligt.

[4]https://de.wikipedia.org/wiki/Generation_Y.

[5]Arbeitgeber Münsterland: Generation Y: Neue Vorstellungen von der Arbeitswelt. www.arbeitgeber-muensterland.de/blog/generation-y-neue-vorstellungen-von-der-arbeitswelt.

- Der Kinderwunsch hat sich wieder deutlich in frühere Jahre verlagert. Verbunden mit der Regelung zur Elternzeit für Männer entsteht dadurch ein neues Verhältnis zu Laufbahnen.
- Damit wächst der Bedarf an Teilzeitlösungen auch für Führungskräfte. Das war lange Zeit ein Tabu-Thema und wird heute schon von vielen Unternehmen praktiziert. Es gibt auch zunehmend Lösungen, bei denen sich zwei Menschen eine volle Stelle für eine Führungsaufgabe teilen.
- Es wird mehr Raum für Homeoffice-Lösungen erwartet. Diese Erwartung sprengt den Rahmen der traditionellen Tarifvereinbarungen. Es geht noch weiter: Mitarbeiter können sich vorübergehend auch auf einem anderen Erdteil aufhalten und von dort jeden Tag ihrer Arbeit nachgehen.
- Man erwartet, dass der Betrieb für Kinder eigene Angebote hat und die Arbeitszeiten entsprechend den Familienbedürfnissen anpasst. So wurde im Bistum Aachen ein Unternehmen ausgezeichnet, das als Callcenter 24/7, also rund um die Uhr arbeitete. Das Unternehmen führte die Regel ein, dass Eltern ohne vorherige Anmeldung und ohne Begründung ihre Kinder mit an den Arbeitsplatz bringen können.
- Nachhaltigkeit der Produkte und Produktionsbedingungen haben ein hohes Gewicht. Auf Management-Seminaren[6] ist deutlich erkennbar, dass die Frage nach dem Sinn von Produkten und Produktionsbedingungen zunimmt. Durch den Mangel an jungen Menschen in den Arbeitsprozessen haben junge Menschen eine viel größere Auswahl bei der Wahl ihres Arbeitsplatzes.
- Flexibilität wird deutlich mehr vom Arbeitnehmer gegenüber dem Arbeitgeber gefordert. Früher war das umgekehrt. Ein IT-Beratungsunternehmen in Süd-

[6] Systemisches Management.

deutschland mit über 500 Mitarbeitern hat deshalb den Mitarbeitern weitestgehende Freiheit gegeben, ihre Jahresarbeitszeit einzuteilen.

Bei der Generation Z[7] (Jahrgänge seit 1998) zeigt sich eine weitergehende Entwicklung. Diese Generation ist bereits von Geburt an mit der großen Komplexität und Unsicherheit der Datenfülle aus dem Netz aufgewachsen. Sie legt großen Wert auf Leistung und Sicherheit des Arbeitsplatzes oder ein selbstbestimmtes Unternehmertum.[8]

Die Generationen Y und Z (Jahrgänge seit 1976) wollen ein anderes Leben: Familie, Karriere, Gesundheit, Freundschaften, Sicherheitsbedürfnis und die sogenannte „Work-Life-Balance" sollen sich in einem Gleichgewicht befinden.

Die Gestaltungsmacht dieser Generationen Y und Z wird in den hochentwickelten Industrieländern immer stärker, da junge Menschen Mangelware sind und die dadurch bedingte Alterspyramide einen dramatischen Mangel an Fachkräften erwarten lässt (Jeschke et al. 2015).

Paralelle Welten

Betrachten wir noch etwas die „Szene", in der sich diese Generation bewegt. Ich beziehe mich auf ein Buch des im Jahre 2017 16-jährigen Robert Campe,[9] der die „Aufenthaltsorte" seiner Generation auf YouTube-Kanälen plastisch beschreibt:

---

[7]Luecturi.de, 14.01.2016: Digital Natives: Die 4 Herausforderungen der Generation Z für Arbeitgeber. https://www.lecturio.de/magazin/generation-z/.

[8]Kooymann, Jonas: ‚Generatie Z' gaat door, door, door. In: https://www.nrc.nl/nieuws/2019/05/08/generatie-z-gaat-door-door-door-a3959505 (08.05.2019).

[9]Campe (2017).

- Videos zu aktuellen Themen schaut man am besten bei MrWissen2go[10]. Eine Million Menschen sind dort registriert.
- Bei Emrah[11] findet man Tipps und Tricks für alles Mögliche. Gegründet in 2015 wuchs die Zahl der Abonnenten innerhalb eines Jahres auf über zwei Millionen, bleibt seither allerdings konstant (2019).
- BibisBeautyPalace[12] ist eine absolutes „Must" für viele junge Mädchen. 2019 sind hier 5,6 Mio. registriert.
- Freekickerz[13] ist mit 7,6 Mio. Registrierungen der immer noch beliebteste YouTube-Kanal.
- Und für die Schule hat jeder professionelle Schüler simpleclub[14] in Gebrauch. Die Plattform zählt inzwischen eine Million Nutzer pro Monat und ist ein ausgesprochen guter Weg, um zum Beispiel Mathematik zu lernen.

Monatlich erscheinen neue YouTube-Kanäle und alte verschwinden. Der professionelle Homo Zappiens bedient sie alle parallel. Lineares Fernsehen, bei dem man schaut, was gerade kommt, wird zunehmend weniger akzeptiert. Wim Veen zeigt an einem Versuch mit Schülern, dass diese ohne Probleme mehrere einfache Spielfilme parallel ansehen können. Sie prognostizieren dabei anhand der Bildmuster, wie der weitere Verlauf sein wird. Und danach wechseln sie jeweils die Programme. Man schaut sich nur an, was und wann man es will – auf YouTube, Netflix, den Archiven der Sender oder anderen Plattformen.

[10]https://www.youtube.com/user/MrWissen2go.

[11]https://www.youtube.com/user/CrazyEmri2.

[12]https://www.youtube.com/user/BibisBeautypalace.

[13]https://de.wikipedia.org/wiki/Freekickerz.

[14]https://de.wikipedia.org/wiki/Simpleclub.

In vielen Kanälen der (sozialen) Medien parallel online zu sein ist normal.

Kommunikation in Bildern

Noch entscheidender ist aber, dass sich die Welt der Icons zu einer eigenen Sprache entwickelt hat. Jeder Benutzer eines Smartphones findet als Ersatz für Buchstaben einen Satz von ca. 2000 Icons, mit denen man auch schreiben kann. Auch in der Arbeit mit Flüchtlingen hilft das sehr. Viele Unterhaltungen sind anfangs nur mit Bildern bzw. Icons möglich. Vom Paritätischen Wohlfahrtsverband gibt es eine eigens dazu entwickelte Vorlage mit Icons auf zwei Din-A4-Seiten für eine ausreichende Konversation.[15]

Ein anderes Beispiel: Robert Campe berichtet von einem Dialog, bei dem seine Mutter ihm eine längere Botschaft schreibt (Abb. 5.1).

Ich verwende diese Zeilen immer wieder als „Lesetest“. Bei den zehnjährigen Lesern ist das überhaupt kein Problem. Sie lesen einen solchen Satz fast fließend, aber mit gewissen Ungenauigkeiten. Interessant ist in diesem Zusammenhang, dass Emojis je nach Betriebssystem oder Apps sehr unterschiedlich aussehen können. Bei WhatsApp auf einem Samsung-Smartphone lässt sich zwischen zwei

Abb. 5.1 Mit WhatsApp kann man reden. (Beispiel in Anlehnung an Campe, Robert: What's App, Mama? Warum wir Teenies den ganzen Tag online sind – und warum das okay ist! Hamburg 2017)

[15]http://amberpress.eu/buecher/icoon-first-help-refugees-welcome/.

unterschiedlichen Emoji-Sets wechseln, die zum Teil deutlich unterschiedliche Interpretationen zulassen. Trotzdem scheint das nicht zu Missverständnissen zu führen.

Darauf kommt es bei Bildern auch nicht an. So wie man in der Epoche vor Gutenberg alles in Bildern erklären musste, weil die Menschen nicht lesen konnten, kehrt heute die Welt der Bilder mit den Icons zurück.

Die meisten Älteren können diesen Satz nicht entschlüsseln. Bisher habe ich nur einmal erlebt, dass ein 50-Jähriger das fließend lesen konnte.

Diese Art der Kommunikation verändert Kommunikation generell: Die Bilder und mythischen Darstellungen kommen wieder. Das ist ja auch kein Wunder, weil wir ja gelernt haben, uns im Internet mit vielen Bildern und Icons zu orientieren. Bilder und Mythen sind aber immer unschärfer und unklarer als Text.

Die Bilder und Mythen kommen wieder.

Vielleicht haben Sie, werter Leser, auch ungefähr verstanden, was der Icon-Satz bedeutet. Falls Sie es als ein Mensch des Zeitalters der Aufklärung genauer wissen wollen, der Satz lautet:

„Ich hole Dich nicht mit dem Auto ab, weil ich Kaffee trinken gehe. Komm mit dem Bus nach Hause und bring noch einen Kuchen aus dem Laden am Bahnhof mit."

Der Umgang mit Medien hat also viele neue Dimensionen:

- Konferenzen sind „anytime, anywhere" möglich.
- 200 relevante E-Mails mit wertvollem Inhalt pro Tag zu verfassen ist möglich. Ich habe das bei einigen Menschen beobachtet.

- Direkte Kommunikation ohne Sekretariate gelingt.
- Schreiben mit automatischer Quellenerzeugung funktioniert. Ja, es gibt auch erste Versuche, dass KI-Systeme Bücher schreiben.[16]
- Informelle Netzwerke sind super organisierbar.
- Flashmob-Events sind schnell, wirksam und in großem Format machbar.
- Die Vielfalt der Führungsinstrumente wächst. Führen mit sozialen Medien mit beliebiger Kombination von Medien wird normal.
- Ich kann über WhatsApp etc. „reden".

Warnungen

Andererseits sind die Gefahren dieser Entwicklung nicht zu übersehen. Einer der Kritiker – Manfred Spitzer – warnt nachdrücklich vor der übertriebenen Nutzung der sozialen Medien (Spitzer 2012). Sein Hauptargument ist, dass dieser Ansatz zulasten des eigenen kreativen Lernens gehe, weil man sich nur oberflächlich mit den Inhalten beschäftigt. Dies kann aber nicht dadurch verhindert werden, dass ich es verbiete, sondern in der Verantwortung als Eltern und Lehrer Wege aufzeige, wie diese Gefahr verringert werden kann. Gerade hier sind die Ansätze von Wim Veen richtungsweisend.

Die Risiken im Umgang mit den digitalen Möglichkeiten sind aber auch im betrieblichen Miteinander erheblich. Im Folgenden sind einige ironisch gemeinte „Möglichkeiten" zusammengestellt, wie ich mich verhalten sollte, damit es im Sinne der „Logik des Misslingens"[17] schief geht. Anders

[16]Schäfer, Michael: Künstliche Intelligenz: Erstes Buch eines Algorithmus veröffentlicht. In: computerbase.de. https://www.computerbase.de/2019-04/kuenstliche-intelligenz-erstes-buch-algorithmus/.

[17]https://de.wikipedia.org/wiki/Dietrich_Dörner.

ausgedrückt: Wie verhalte ich mich erfolgreich falsch? Dazu nun einige paradoxe Empfehlungen:

- Stellen Sie die Gespräche mit Ihren Mitarbeitern ein und kommunizieren Sie nur noch über Mail, WhatsApp etc.
- Verwenden Sie grundsätzlich möglichst viele cc's, damit alle mitbekommen haben, was Sie tun – erledigen Sie Ihre Infopflicht durch cc.
- Teilen Sie Umstrukturierungen, Entlassungen etc. grundsätzlich nur elektronisch mit.
- Verwenden Sie gezielt bcc, damit Ihre Infopolitik Ihr Geheimnis bleibt.
- Sie sind rund um die Uhr erreichbar und reagieren spätestens nach zehn Minuten, um effizient zu sein.
- Verbieten Sie Ihren Kindern die Nutzung ihrer Smartphones, damit Sie während des Essens Ihr Smartphone ungestört verfolgen können.
- Führen Sie niemals ein Gespräch, ohne gleichzeitig online aktiv zu sein.
- Löschen Sie Ihre Inbox nach spätestens vier Wochen, damit Sie nicht an so viele unerledigte Dinge erinnert werden.
- Vermeiden Sie den Besuch im Nebenzimmer, wenn Sie mit ihm/ihr per Mail kommunizieren können.
- Schicken Sie alle relevanten Mails am Sonntagnachmittag raus, damit am Montagmorgen alle vorbereitet an den Arbeitsplatz kommen.
- Vermeiden Sie auf alle Fälle Zeiten, in denen Sie offline sind und sich nur mit sich selbst beschäftigen.

Es gibt also viel zu lernen, um ein gutes Gleichgewicht von Homo Zappiens und Homo sapiens zu finden. Der Homo Zappiens ist somit keine Alternative zum Homo sapiens. Vielmehr beschreibt der Begriff die Erweiterung und Veränderung der Lern- und Verhaltensprozesse des Menschen in der digitalen Transformation.

Durch die vielen neuen Dimensionen des Lernens und Kommunizierens werden die Komplexität und Dynamik weiter steigen. Das wird auch zu Grenzen der psychischen Belastbarkeit führen. Es geht dabei um die Kunst, sich die diversen neuen Möglichkeiten – ähnlich wie im Supermarkt – gezielt nutzbar zu machen. Man bedient sich aus einer enormen Auswahl und wird sich „seinen" Supermarkt wählen.

So entstehen weltweit völlig neue vielfältige Gewohnheiten des Lernens, Lebens und Arbeitens. Unternehmen werden sich auf die neuen Erwartungen der jungen Arbeitnehmer einstellen. Schulen werden ihre Lehr- und Lernkonzepte grundlegend überdenken. Und der Mensch wird lernen, mit der hohen Menge an Informationen und der Parallelität von Vorgängen, die auf ihn einstürmen, klarzukommen. Dazu wird er auch lernen müssen, das Verhältnis zwischen Aktivität und Ruhe neu zu finden.

Literatur

Campe, R. (2017). *What's App, Mama? Warum wir Teenies den ganzen Tag online sind – und warum das okay ist!* Hamburg.

Gabriel, Markus: Der Sinn des Denkens. Ullstein, Berlin 2018.

Jeschke, S., et al. (2015). *Exploring Demographics. Transdisziplinäre Perspektiven zur Innovationsfähigkeit im demographischen Wandel.* Berlin: Springer Spektrum.

Luhmann, N. (1997). *Die Gesellschaft der Gesellschaft.* Suhrkamp.

Spitzer, M. (2012). *Digitale Demenz. Wie wir uns und unsere Kinder um den Verstand bringen.* München: Droemer.

Veen, W. & Vrakking, B. (2006). *Homo zappiens. Growing up in a digital age.* Hampshire: Ashford Colour Press.

6

Die inverse Gutenberg-Revolution

Wir haben gerade gelernt: Die Bilder und Mythen kommen wieder. Das erleben wir bereits in der WhatsApp-Kommunikation. Aber auch die Welt der Kurznachrichten hat einen anderen Charakter bekommen. Zunehmend sind es „Bilderbotschaften", in denen es nicht mehr um logische Zusammenhänge geht. Vielmehr habe ich eine Aussage und diese Aussage verbreite ich im Netz, sei es über Instagram, Facebook, Twitter oder irgendein derartiges Medium, das noch gar nicht erfunden ist.

Hier passiert aber noch mehr. Unser mentales Modell der Kommunikation wird nachhaltig verändert. Bilder, Kurzbotschaften, ein „Eindruck" werden massenhaft verbreitet. Auf diese Art und Weise können sich Verhaltensweisen und Ideen weltweit schnell verbreiten. Dieses Phänomen wird auch als „Meme" bezeichnet und geht auf Richard Dawkins zurück (Dawkins 1989).

Das wäre für sich genommen noch nicht so weitreichend. Entscheidend ist, dass sich diese „Bilderbotschaften" einem

K. Henning, *Smart und digital*,
https://doi.org/10.1007/978-3-662-59521-3_6

rationalen Diskurs entziehen. Die Dynamik der „Likes" – ich mag das oder ich mag das nicht – bestimmt die Dynamik der Verbreitung und beeinflusst meine persönliche Meinung. Wenn es gezielt angesetzt wird, hat es auch zunehmend Erfolg in der politischen Meinungsbildung.

Social Bots

Eine wesentliche Dimension kommt hinzu: Ich brauche für die Erstellung solcher Kurznachrichten und Bilder nicht zwingend Menschen, die diese Nachrichten und Bilder „erzeugen". Das können auch Automaten und/oder intelligente KI-Systeme.

Das wollen wir am Beispiel der „Twitter-Welt" vertiefen. Ungefähr 15 % aller weltweiten Twitter-Accounts werden nicht von Menschen bedient, sondern sind Automaten, sogenannte Social Bots. Die 15 % entsprechen in etwa 48 Mio. Accounts.[1] Ein solcher Social Bot ist ein – zunehmend intelligentes – Computerprogramm, das in sozialen Medien menschliche Verhaltensmuster nachbildet. Der Social Bot ist ohne menschliche Eingriffe im Internet unterwegs, in unserem Fall in der Twitter-Welt.

Von diesen 48 Mio. Accounts hat ein größerer Teil „böse" Absichten, wobei „böse" ein sehr relativer Begriff ist. Diese automatischen Accounts reichen von der Verbreitung rechtsradikalen Gedankenguts über die Werbung für illegale und unmoralische Vorgänge bis hin zu Wahlkampfmaschinen.[2]

Die intelligenteren dieser Social Bots können auch lebende Personen reproduzieren und diese Personen reden lassen. Das gelingt so gut, dass man als Betrachter keine

---

[1]Erxleben, Christian: Social Bots auf Twitter: 48 Mio. Accounts sind keine Menschen. In: BASIC thinking https://www.basicthinking.de/blog/2017/03/17/social-bots-twitter/.

[2]Abbas, Bahoz: Künstliche Intelligenz in der Politik – Der Weg zur freien individuellen Meinungsbildung in sozialen Medien. Promotionsvortrag RWTH Aachen 11.09.2017.

Chance hat, diese simulierte Person von einer realen zu unterscheiden.

Damit ist die Star-Trek-Fiktion der Replikanten im zweidimensionalen Raum Realität in unserer Welt geworden: Menschen, die reden und handeln wie Menschen, aber keine sind. Genauer gesagt, ist es die Abbildung der dreidimensionalen Person auf der Fläche des Bildschirms.

Ein bekanntes Beispiel ist die Aktion einer Gruppe von Studierenden einer renommierten amerikanischen Universität, die mit einem Replikanten-Obama in den Wahlkampf eingegriffen hat. Die Mundbewegungen des synthetischen Obamas wurden mit einer KI-Maschine mit neuronalen Netzen erzeugt. Die Studierenden haben dann Sätze und Satzteile aus Reden von Obama entnommen und daraus die Mundbewegungen erzeugt.[3]

Im Ergebnis hat der Empfänger so gut wie keine Chance, zu identifizieren, ob es sich um den realen Obama oder den Replikanten-Obama handelt.

Solche Anwendungsprogramme zum Erstellen von Videos mit Gesichtern, die realen Personen täuschend ähnlich sehen, sind inzwischen als „Deep Fake App" für jeden aus dem Netz herunterladbar.[4]

Ist das politisch verantwortbar? Sollte man das verbieten? Wenn ja, wie?

Dreidimensional holografische Darstellungen werden folgen. Ebenso Filme, in denen dann zum Beispiel ein Replikant-Obama herumläuft.

---

[3]IEEE Spectrum: AI Creates Fake Obama. In: spectrum.ieee.org (26.04.2019). https://spectrum.ieee.org/tech-talk/robotics/artificial-intelligence/ai-creates-fake-obama.

[4]https://www.chip.de/downloads/Deepfakes-FakeApp_133452282.html.

Ich halte es aber für ausgeschlossen, dass eines Tages ein Roboter-Obama herumläuft, den ich nicht mehr von einem Menschen unterscheiden kann. Sicherheitshalber müsste ich dann seine Haut anfassen…

Eine weitere Dimension entsteht durch automatische Accounts, die sich in der politischen Szene bewegen. Bekannt wurde ein Beispiel eines intelligenten Social Bots, der in die Rechtsradikalen-Szene geraten war. Daraufhin wurde sein gesamter Kommunikationsverkehr gelöscht. Nicht jedoch die Gedächtnismuster, die dieser Social Bot bereits gebildet hatte. Sein „Weltbild" war sozusagen Teil seiner DNA geworden.[5]

Den so seiner Erinnerung beraubten Social Bot hat man dann – allerdings mit seinem „Weltbild" – wieder ins Netz losgelassen. Das Ergebnis war fast zu erwarten: Der Social Bot verhielt sich in seinen Äußerungen innerhalb kürzester Zeit wieder rechtsradikal. Daraufhin hat man ihn abgeschaltet. Sozusagen die Todesstrafe für intelligente Maschinen, wenn diese dem gewünschten Weltbild nicht entsprechen.

An diesem Beispiel wird der Unterschied deutlich, ob ich „nur" über eine Unmenge von Daten verfüge oder ob ich mit diesen Daten in Kombination mit einer intelligenten KI-Maschine etwas anfangen kann.

Big Data allein liefert Mengen von Daten in zunehmend kürzerer Zeit. Damit wird Komplexität und Dynamik erzeugt, also eine erhebliche Zunahme der sogenannten Dynaxity[6]. Der Begriff Dynaxity ist aus den beiden Begriffen Komplexität und Dynamik zusammengesetzt

---

[5]Vincent, James: Twitter taught Microsoft's AI chatbot to be a racist asshole in less than a day. In: The Verge. https://www.theverge.com/2016/3/24/11297050/tay-microsoft-chatbot-racist.

[6]https://de.wikipedia.org/wiki/Dynaxity.

und beschreibt die Kombination von Komplexität und Verränderungsgeschwindigkeit. Der Grad an Dynaxity wird dabei in vier Zonen eingeteilt – 1) statisch, 2) dynamisch, 3) turbulent und 4) chaotisch. Während in Zone 1 und 2 traditionelle Verfahren der Wahrnehmung und Steuerung greifen, stellt der Übergang in die turbulente Zone 3 einen gravierenden Paradigmenwechsel dar. Ein Aspekt davon ist die enorme Zunahme von verfügbarer Information, die sich in der Datendynamik widerspiegelt.

Eine gläserne Gesellschaft

Mit dieser Datendynamik entsteht eine gläserne Gesellschaft. Viel mehr als früher wird transparent, oft für jedermann. Dieser Effekt der gläsernen Gesellschaft hat durchaus auch positive Effekte. Mit diesem Prinzip ist es Google ja gelungen, alle aktiven Mobiltelefone und Smartphones anonym zu identifizieren und daraus Bewegungsdaten abzuleiten. Das hätte aber noch nicht richtig viel Wert gehabt.

Erst der Einsatz von KI-Algorithmen, die diese Daten mit vorgegebenen Zielen auswerten, ergibt dann eine neue Dimension. Im Falle von Google ist die Stauanzeige und -steuerung von Google Maps entstanden, bei der die Bewegungsdaten der meisten Handys dieser Welt gesammelt werden. Dadurch wird die weltweite Verkehrslage rund um den Globus völlig transparent. So kann ich von meinem Sofa in meinem Wohnzimmer in Deutschland gerade mal prüfen, wie es denn wäre, wenn ich jetzt von Newark über eine der Brücken nach New York City müsste. Ich sehe ganz aktuell, welche Alternativen möglich wären. Es gibt also eine völlige Transparenz aller Staus auf Straßen, die irgendwo in dieser Welt gerade stattfinden. Auch in Hongkong. Aber nicht die Staus von Peking und Shanghai, weil hier eine Regierung in den Zugang zu diesen Daten eingegriffen hat. Aber davon später.

> Im Kern wird durch die Kombination von Big Data und Künstlicher Intelligenz die Möglichkeit des berechenbaren Menschen geschaffen, eine Dimension, die weit über den gläsernen Menschen hinausgeht.

Im politischen Bereich ermöglichen die gleichen Verfahren den direkten Eingriff in den Wahlkampf. Damit kann aber auch jeder regionale und nationale Wahlkampf gleichzeitig ein internationaler Wahlkampf werden, wenn man das globale offene Netz zulässt.

Es ist also überhaupt nicht überraschend, dass sich vor diesem Hintergrund mit einem Twitter-Account Politik machen lässt, ja sogar, dass man mit Bildern, Mythen, Kurzbotschaften, die aus wahren und simulierten Neuigkeiten, aber auch aus Fake News bestehen können, eine Wahl gewinnen kann.

Diese weltweite Dynamik von rund um die Welt verfügbaren Daten in Kombination mit automatischen Accounts hat schon heute eine neue Kultur rund um den Globus erzeugt: Offen, oft offen für alles, hocheffizient für nützliche Vorgänge wie die Stauprognose und nicht ungefährlich für die politische Stabilität.

Es sieht so aus, als ob die Bedeutung der Vernunft abnimmt und es – wie vor der Zeit Gutenbergs – zur Kommunikation über Bilder, Mythen und Kurznachrichten kommt, die das Leben und Verhalten von Menschen nachhaltig prägt. Ich nenne das die inverse Gutenberg-Revolution.

> Wir sind noch weit davon entfernt, die Mächtigkeit der heute schon verfügbaren und eingesetzten Instrumente der Künstlichen Intelligenz wahrnehmen, bewerten und steuern zu können.

Man könnte die Entwicklung der Künstlichen Intelligenz mit der Erfindung der Atomenergie vergleichen. Damals haben die Erfinder zwar geahnt, worin die Chancen und Risiken dieser Energie bestehen. Sie haben es auch öffentlich gesagt. Es hat aber Jahrzehnte gedauert, bis ihre Warnungen ernst genommen wurden.

Ethische Grenzen?

Wir können heute sehen, dass Künstliche Intelligenz eine überaus mächtige Waffe geworden ist, die in allen Bereichen der Welt eingesetzt wird – angefangen von den nützlichen, praktischen Dingen über neue Fahrzeugkonzepte, Fabriken und Mobilitätskonzepte bis hin zur globalen Beeinflussung, Manipulation und Steuerung von Menschen.

Hören und verstehen wir, dass das alles viel radikaler ist als etwa die Umwälzung von Pferdekutschen auf Kraftfahrzeuge?

Glauben wir immer noch den KI-Experten, die uns einreden, das sei doch alles halb so wild und es sind ja alles nur Rechner und die haben wir nun schon seit über 70 Jahren?

Nein, neben der Neugestaltung unserer Fabriken, unserer Mobilitätssysteme und unserer Art zu kommunizieren geht es um die Neugestaltung unserer sozialen und politischen Gesellschaftssysteme – weltweit. Und da steht auch unser demokratisches System zur Disposition. Machen wir uns die Dimension am Beispiel der Gesichtserkennung durch KI-Systeme deutlich:

Früher musste man einem Rechnersystem sehr viele Gesichter im Teach-in-Verfahren zur Verfügung stellen, um es zu befähigen, selbst Gesichter zu identifizieren. Das ist eine Technik, mit der etwa die Kriminalpolizei schon seit Jahrzehnten arbeitet.

Heute braucht ein KI-System nur die Regeln, den „runden Teil“ zu suchen und die euklidischen Abstände im Raum zu sortieren: „Miss alle Abstände im dreidimensionalen Raum und werte sie nach eigenem Ermessen aus." Das Erstaunliche ist: Nach kurzer Zeit kann das System Männer und Frauen unterscheiden. Natürlich unterscheidet das System erst mal in A und B. Und dann muss man vereinbaren, dass A „Männer" heißt und B „Frauen".

Mit diesem System führt die Volksrepublik China inzwischen die Volkserziehung für 1,5 Mrd. Menschen durch. Ergänzt beispielsweise durch die Überwachung des Zahlungsverhaltens. Wer sich gut verhält, bekommt Bonuspunkte; wer sich schlecht verhält, bekommt Maluspunkte. Die dahinter liegenden ethischen Maßstäbe – welche auch immer – bestimmt der Staat.

Jeder Mensch, der bei Rot über die Straße geht, wird inzwischen in den großen Städten „erwischt" und bekommt einen Maluspunkt.

Ein Kollege berichtete von einer Schauspielerin, die einen solchen Eintrag bekam, aber definitiv an der betreffenden Stelle um diese Zeit nicht über die Straße gegangen war. Sie beschwerte sich und es stellte sich heraus, dass um diese Zeit ein Bus an diesem Fußgängerüberweg vorbeigefahren war. Auf der Seitenwand des Busses in zwei Meter Höhe war ein Bild dieser Schauspielerin zu sehen – etwa in der Größe ihres Kopfes. Und schon war der Eintrag perfekt, wurde jedoch wieder gelöscht.

Nach unserem demokratischen Verständnis werden die meisten sagen, dass ein solches staatliches System unverantwortlich und menschenunwürdig ist und gegen das Grundrecht auf Selbstbestimmung des Menschen verstößt.

Allerdings gibt es nachweislich einen überraschenden „Nebeneffekt" dieses Systems. Untersuchungen haben gezeigt, dass die chinesische Bevölkerung dieses System sehr positiv aufnimmt. Einer der Gründe ist der enorme Rückgang der Korruption. So bekommen zum Beispiel die kleinen Handwerker tatsächlich ihre Rechnungen bezahlt, wenn der Auftraggeber ein reicher Chinese ist.

Sollte die chinesische Regierung einen Weg gefunden haben, die Korruption nachhaltig zu bekämpfen? Und wenn sich das herausstellen sollte, wie bewerten wir dann den Wert „Korruptionsvermeidung" versus „Datenschutz"?

Wenn wir in diesem Zusammenhang an einen Kontinent wie Afrika denken, könnte vielleicht die Bekämpfung der Korruption ein höherer Wert als Datenschutz sein – eine ethische und gesellschaftliche Frage, die nicht einfach zu klären ist.

Wir müssen aber gar nicht in die Ferne schweifen. Als ich vor einiger Zeit meinen Skipass, der ein Bild von mir enthielt, für eine Fahrt meinem Sohn auslieh, war der Pass am nächsten Morgen gesperrt. Ich bekam heraus, dass in dem weit verteilten Skigebiet an allen Skilift-Talstationen alle Skifahrer digital gescannt wurden und es anhand der Gesichtserkennung – trotz Skibrille – zweifelsfrei erkannt werden konnte, dass der Skipass nicht zum Besitzer passte. Niemand ist bei der Einführung dieses Systems gefragt worden. Auch habe ich keinerlei Einwilligung für die automatische Gesichtserfassung unterschrieben.

Zur Frage der Werteordnung von Systemen der Künstlichen Intelligenz gibt es zahlreiche Initiativen. So will das Europäische Parlament eine Plattform aufbauen, auf der man alle aktuellen Algorithmen der Künstlichen Intelligenz findet. Die Initiative soll in einer Ethik-Charta für Künstliche Intelligenz münden.[7] Wir werden meines Erachtens solche ethischen Grenzen für die digitale Transformation mit Künstlicher Intelligenz brauchen.

---

[7]Krempl, Stefan: Künstliche Intelligenz: EU-Kommission plant umfassende europäische Initiative. In: heise online. https://www.heise.de/newsticker/meldung/Kuenstliche-Intelligenz-EU-Kommission-plant-umfassende-europaeische-Initiative-4004920.html.

Der Schutz der persönlichen Meinungsbildung bräuchte zum Beispiel automatische Social Bots, die „ethische Algorithmen" enthalten. Ein solcher Bot-Jäger müsste dann mit ethischen Kriterien im Netz nach Verletzungen ethischer Prinzipien suchen. Solche „Polizisten im Netz" werden sich im Zweifel als Arbeitsgemeinschaften weltweit bilden und sich der staatlichen Gesetzgebung entziehen. Von daher ist es dringend geboten, eine internationale Übereinkunft zu KI-Ethik-Tests zu entwickeln, die unter anderem eine Beurteilung des Inhalts nach ethisch/moralischen Prinzipien, wie z. B. Wahrheitsgehalt, Beachtung der Menschenwürde etc., enthalten könnte.[8]

Wie schwierig das ist, zeigen die Diskussionen um das weltweite Urheberrecht. Einerseits versucht man, mit sogenannten Upload-Filtern eine Kontrolle auszuüben. Gleichzeitig ermöglicht genau diese Kontrolle einen erheblichen Zuwachs von Kontrollmacht für denjenigen, der die Upload-Filter betreibt.[9] Die Filter-Algorithmen, die dabei zum Einsatz kommen, unterliegen dabei – genauso wie Menschen – Fehleinschätzungen.

Ähnlich zwiespältig ist die Entwicklung des Textgenerators GPT2 von OpenAI[10], einer gemeinnützigen Forschungseinrichtung für Künstliche Intelligenz. Das Unternehmen zog eine Version aus dem Verkehr, die sich zu stark von externen Meinungen beeinflussen ließ.

---

[8]Abbas, Bahoz: Künstliche Intelligenz in der Politik – Der Weg zur freien individuellen Meinungsbildung in sozialen Medien. Promotionsvortrag RWTH Aachen. 11.09.2017.

[9]Kaube, Jürgen: Urheberrecht und Uploadfilter – Große Hehler. In Faz.net, 22.03.2019. https://www.faz.net/aktuell/feuilleton/medien/artikel-13-urheberrecht-und-uploadfilter-kommentar-16101425.html.

[10]Whittaker, Zach: OpenAI built a text generator so good, it's considered too dangerous to release. In: techchrunch.com. https://techcrunch.com/2019/02/17/openai-text-generator-dangerous.

Wir werden uns also mit der Ethik von KI-Systemen mit eigenem Bewusstsein in Zukunft noch viel beschäftigen müssen (vgl. Kap. 12).

> Die inverse Gutenberg-Revolution verknüpft alles mit allem und wird dazu führen, dass wir unsere – weltweite – Werteordnung neu finden und vereinbaren müssen.

Der Kern der heutigen Kulturrevolution – der inversen Gutenberg-Revolution – besteht aus einer Entwicklung hin zu Maschinen, Geräten und Dienstleistungsprodukten, die durch die Kombination von Massendaten, neuronalen Netzen und lernenden Algorithmen der Künstlichen Intelligenz ein eigenes Bewusstsein haben, selbst in einem lebenslangen Lernprozess stehen und vielleicht sogar rechtzeitig entscheiden, sich außer Betrieb zu nehmen, also zu „sterben".

Literatur

Dawkins, R. (1989). *The selfish gene* (2 ed.). Oxford University Press.

7

Das Zeitalter der Hybriden Intelligenz hat begonnen

Vor dem Hintergrund der inversen Gutenberg-Revolution stellt sich die Frage, wie das Zusammenwirken von Menschen und intelligenten Maschinen gestaltet werden kann.

Jahrzehnte lang galt für mich das Paradigma des HOT-Approachs (First **H**uman, Second **O**rganization, Third **T**echnology) (Henning 2014):

- Erst der Mensch,
- dann die Organisation,
- dann die Technik und Automaten.

Dahinter steht die Hypothese, dass der Mensch primär im Fokus steht und der Verantwortliche für die Gestaltung von Organisationen und Technik ist. Im Grundsatz ist das noch immer so.

Offensichtlich spielt unser Verhalten bei der Frage der Gestaltung von Organisationen und Technik eine große

K. Henning, *Smart und digital*,
https://doi.org/10.1007/978-3-662-59521-3_7

Rolle. Und es ist schon erstaunlich, dass ausgerechnet Berater des Verfassungsschutzes darauf hinweisen, dass der Kern jeder Schutzvorkehrung beim Menschen liegt und erst dann bei den Organisationsstrukturen. Erst auf dieser Basis macht die dann eingesetzte Technik einen Sinn.

Die Praxis der technischen Innovationen sieht jedoch anders aus. Bei jeder neuen Technologie kann man die gleichen Phasen beobachten:

Technik – Organisation – Mensch

Die erste Phase ist geprägt durch die Verliebtheit in die neuen Technologien. In dieser Phase glauben die Akteure, dass mit dieser Technik möglichst automatisch alles gut wird. So war das bisher mit allen Automatisierungswellen in den letzten Jahrzehnten. Schon Ende der 80er-Jahre des vorigen Jahrhunderts proklamierte man das „Computer-Integrated Manufacturing" (CIM) und erwartete in Kürze die menschenleere vollautomatische Fabrik. Wenige Jahre später hatte dann das Konzept „HCIM – Humanzentrierte computerunterstützte Fabrik" Hochkonjunktur (Brandt 2003).

Danach merkt man, dass es doch einiger organisatorischer Veränderungen bedarf, damit das Ganze funktioniert. Normalerweise werden dann spezielle Stäbe gegründet, zum Beispiel für Transformation, Kulturwandel oder Agilität. So war das auch bei der Innovationswelle „Wissensmanagement" in den 90er-Jahren des letzten Jahrhunderts (Henning et al. 2003). Nachdem man merkte, dass die automatischen Informationsdatenbanken für Wissen das Problem nicht lösten, folgte eine Welle von organisatorischen Maßnahmen. Spezielle Stabsabteilungen für Wissensmanagement wurden gegründet.

Erst wenn deutlich wird, dass auch die organisatorischen Anpassungsmaßnahmen nicht reichen, besinnt man sich auf den Menschen und seine Bedeutung im System.

In einem groß angelegten Projekt zur Verwaltungsreform wurden dazu die landesweit besten Beispiele im Netz zur Verfügung gestellt. Das Entscheidende war aber: Im Kern wurde die Verbindung zu einer Person hergestellt, die darüber von Mensch zu Mensch Auskunft geben konnte.

Die Praxis läuft also meistens in der Reihenfolge: Erst Technik, dann Organisation, dann Mensch.

Die Entwicklung der KI-Welle der letzten Jahre verläuft auch nicht anders. Wir sind schon 2009 über 5000 km im fließenden Verkehr auf der A1 in Nordrhein-Westfalen mit gekoppelten Lkw-Konvois unterschiedlicher Bauart gefahren (Henning und Preuschoff 2003). Vier Lkws waren im Abstand von zehn Metern gekoppelt und das mit 160 t Last bei 80 km/h, und nur im ersten Lkw steuerte ein Fahrer (Abb. 7.1).

Abb. 7.1 Vollautomatische Lkw-Konvois im fließenden Verkehr in Deutschland im Jahr 2009. (Haberstroh 2014)

Fahrerlose Lkws: Warum dauert es so lange?
Das heißt aber noch lange nicht, dass sich eine solche Technologie auch durchsetzt. Im Beispiel der Lkw-Konvois gab es jahrelange juristische und verkehrspolitische Grundsatzdiskussionen mit dem Ergebnis neuer Forschungsprojekte. In einem dieser Projekte wurden zehn Jahre später Fahrten im Umfang von 35.000 km im fließenden Verkehr mit einem Abstand von 15 m durchgeführt.[1] Dabei hat man festgestellt, dass der Abstand zu groß ist, um signifikant Energie einzusparen – ein Ergebnis, das auch 2009 schon klar war. Deshalb wurde damals auch ein Abstand von zehn Metern gewählt.

Es ist technisch alles gelöst und mehrfach erforscht. Trotzdem gibt es immer noch ein paar organisatorische Probleme mit der Rechtsprechung und dem länderübergreifenden Verkehr. Es ist also nichts Neues: Es dauert aber oft etwas länger, bis fertige Technologien in den Alltag eindringen.

Und dann kommt doch der Faktor Mensch. Im Jahr 2017 bricht eine große Diskussion los, dass bis 2030 bis zu 4,4 Mio. der voraussichtlich 6,4 Mio. Lkw-Fahrer in Europa und den USA überflüssig werden.[2] Gleichzeitig fehlen in Deutschland 100.000 Busfahrer.

Aber werden die Lkw-Fahrer wirklich überflüssig? Und könnte es tatsächlich innerhalb der nächsten gut acht Jahre passieren? Nein, das wird nicht gehen. Warum? Dazu muss man einmal über die Frage der Akzeptanz in der Gesellschaft reden. Wann sind wir als Gesellschaft emotional

[1]Becker, Joachim: Dämpfer für die Laster am Schnürchen. In: Süddeutsche Zeitung.de, 21.05.2019. https://www.sueddeutsche.de/auto/autonomes-fahren-platooning-test-1.4444322.

[2]Mortsiefer, Hendrik: Roboter-Lkw bedrohen Millionen Jobs. In: Tagesspiegel.de, 31.05.2017 https://www.tagesspiegel.de/wirtschaft/autonomes-fahren-roboter-lkw-bedrohen-millionen-jobs/19871754.html.

so weit und wie lange brauchen wir, bis wir als Gesellschaft – nicht nur als Ingenieure oder Informatiker – das Vertrauen haben, die 40-Tonner auf den Straßen mit 80 km/h alle fahrerlos fahren zu lassen? Wie lange wird es noch brauchen, bis es gesetzliche Konsequenzen gibt, weil diese Art des Verkehrs nach allen Abschätzungen deutlich weniger Unfalltote verursachen wird als der herkömmliche Verkehr? Vielleicht wird sich eines Tages nachweisen lassen, dass der Betrieb von vollautomatischen Autos auf den Straßen sicherer ist als der Betrieb von Autos mit menschlichen Fahrern.

Dabei müssen wir auch diverse Verkehrsarten unterscheiden: Fährt ein Lkw auf der Autobahn oder auf der Landstraße, bewegt er sich in einem Logistik-Zentrum oder mitten in der Innenstadt? Natürlich ist es relativ einfach, dass an der Pforte eines Logistik-Zentrums der Fahrer aus dem Lkw steigt und der Rest der langsamen Fahrt einschließlich des Rückwärtsrangierens an die Rampe vollautomatisch mit einem KI-System läuft. Aber wenn wir an eine verschneite Landstraße ohne Randmarkierungen bei Schneesturm denken, kombiniert mit schlecht sichtbaren Fußgängern auf der Straße, dann wird es schon viel schwieriger.

Selbst wenn das vollautomatische Fahren von Lkws auf Autobahnen zugelassen wird – und das wäre technisch schon heute weitgehend möglich – würden die Spediteure dann zulassen, dass das Frachtgut ohne Aufsicht auf der Straße transportiert wird? Ist da nicht eine Variante viel sinnvoller, bei der der Lkw-Fahrer eine Wohnkabine hat, die eine Büroeinrichtung enthält? In dieser kann er einen Job in seiner Firma „remote" wahrnehmen und nach dem Abfahren von der Autobahn den Lkw selbst weiterfahren.

Und wie sieht es mit dem vollautomatischen Tanken aus? Natürlich können wir einen Tankroboter bauen, der den Einfüllstutzen öffnet und automatisch betankt. Dafür muss es aber dann ein flächendeckendes zuverlässiges Netz von automatischen Tankrobotern geben, das entlang aller infrage kommenden Routen fehlerfrei arbeitet.

Und wie organisiert man die Absicherung der Lkws bei einem brennenden Reifen? Wie erkennt das KI-System, dass der Reifen brennt? Wie entscheidet das KI-System, ob der Lkw weitergefahren wird, damit das Fahrgestell nicht Feuer fängt? Wie erkennt das KI-System in diesem Fall, ob die Kautschuk-Decke so weit abgebrannt ist, dass der Lkw angehalten werden kann? Wie macht man die unmittelbare Absicherung nach einer Panne, die zum Stillstand am Fahrbahnrand führt?

Es gibt aber auch wirtschaftliche Fragestellungen. Die Lebensdauer eines Lkws beträgt heute mindestens acht Jahre. Mit dieser Lebensdauer kalkulieren die Speditionen. Sie können es sich wirtschaftlich gar nicht leisten, hier und heute auf einen Schlag alle herkömmlichen Lkws aus dem Betrieb zu nehmen und durch vollautomatische zu ersetzen. Aber selbst, wenn hier und heute alle neuen Lkws nur noch vollautomatisch fahren dürften, würde die Umstellung mindestens acht Jahre dauern – unter der Voraussetzung, dass man die Spediteure nicht ruinieren will. Ganz abgesehen davon, dass es von der Produktion her gar nicht schneller gelingen würde, denn niemand baut „mal schnell" ein Lkw-Werk auf, dass nach ca. acht Jahren wieder geschlossen werden muss – das rechnet sich nicht bzw. die Lkw würden dann viel zu teuer.

> Umstellungen von Anlagen- und Fahrzeugtechnologien dauern immer Jahrzehnte, auch wenn man das oft nicht wahrhaben will.

Es wird also mit den fahrerlosen Lkws für alle Verkehrsbereiche so schnell nicht klappen. Also macht es doch viel mehr Sinn, Mensch und KI-System sinnvoll und effizient miteinander zu verknüpfen. Denn die Kombination der Arbeit der KI-Maschine und des Menschen lässt sich wesentlich schneller umsetzen.

Zusammenspiel Mensch – Maschine
So könnte man zum Beispiel die Wochenarbeitszeiten der Lkw-Fahrer endlich auf ein vernünftiges Maß reduzieren. Und man könnte den Arbeitsplatz des Lkw-Fahrers deutlich aufwerten und attraktiver machen.

In den meisten Bereichen der Fahrzeug- und Anlagentechnik wird es also zu einer „Hybriden Intelligenz" kommen, in der man die Fähigkeiten vom Menschen und der KI-Maschine zielführend kombiniert.

Das ist im Kern kein neuer Gedanke. Schon immer war die Bedeutung der Mensch-Rechner-Interaktion der entscheidende Faktor bei der Umsetzung neuer Automatisierungstechnologien.

Aber das Verhältnis von Menschen zu KI-Maschinen und umgekehrt verändert sich grundsätzlich, wenn KI-Maschinen ein eigenes Bewusstsein haben. Es entsteht ein Gegenüber, mit dem ich dann auf Augenhöhe kommuniziere. Es entsteht eine neue Art der Partnerschaft zwischen dem Menschen und der KI-Maschine.

So, wie wir Menschen ja auch mit Tieren oft eine ganz intensive Partnerschaft haben. Ein Reiter und ein Pferd sind als „System" eine solche Hybride Intelligenz, in der das Pferd eben nicht wie eine Maschine arbeitet, sondern wie ein intelligentes Gegenüber mit eigenem Willen und eigener Entscheidung. Nur wenn die Symbiose zwischen Mensch und Pferd klappt, wird es einen Wettbewerb gewinnen.

Aus meiner Erfahrung als Kutschfahrer weiß ich, dass das Zusammenspiel noch komplexer wird, wenn man vier Pferde vor der Kutsche hat. Die vier Pferde interagieren untereinander als ein Team mit allen Arten von Kooperationsproblemen, die auch wir Menschen haben.

Und sie sind mit ihren zusammen 100 PS „Pferdestärke“[3] viel stärker als ich auf dem Kutschbock. Die Kunst besteht also darin, dass ich als körperlich viel schwächerer Mensch, der dazu oft noch weniger wahrnimmt als die Pferde, in der Lage bin, das Vertrauen der Pferde herzustellen, sodass sie sich von mir führen lassen.

Natürlich werden wir auch „Teams“ von KI-Maschinen, die miteinander interagieren, bekommen. Und natürlich werden diese Teams Teamprobleme durchlaufen. Es wird aber unsere Aufgabe als Menschen sein, zu einer zielführenden Symbiose mit diesen Teams von KI-Maschinen zu gelangen; auch wenn wir viel schwächer im Umgang mit Daten und dem Generieren von Lösungen sind – im Vergleich zu dem Netz der mit mir kooperierenden KI-Maschinen. Wir Menschen sollten lernen, diese Systeme mit unseren Stärken verantwortlich zu gestalten und zu führen – so wie ein Kutscher seine vier Pferde –, und nicht versuchen, in Bereichen die Stärkeren zu sein, in denen KI-Systeme die besseren Leistungen bringen.

Hybride Intelligenz schafft also ein neues Miteinander von Menschen und intelligenten Gegenständen.

Es entsteht eine neue Form der Kommunikation zwischen den Menschen und den intelligenten Gegenständen. Betrachten wir uns diese Zusammenhänge etwas näher:

Wenn wir über die realen Gegenstände dieser Welt, über uns Menschen und über KI-Maschinen sprechen, dann reden wir davon, dass in der digitalen Welt ein digitales Abbild von Handlungen des Menschen und von

[3] Ein Pferd erbringt eine kurzfristige Spitzenleistung von ca. 25 PS.

Maschinen entsteht. Diese Abbilder kommunizieren dann mit ihren „Originalen“, aber auch untereinander.

Schattenwirtschaft

So kennt zum Beispiel mein – leider immer noch – ziemlich dummes Smartphone viele Merkmale meiner Person. Es weiß, wie ich heiße, wo ich gerade bin, wie schnell ich mich gerade bewege und in welches Auto ich mich eben gesetzt habe. Es kennt meinen ganzen Mailverkehr, es hat Zugriff auf alle meine gespeicherten Daten, es hat in einem „Safe“ auch meine wichtigen Passwörter, es hat Zugang zu meinen im Unternehmen abgelegten Daten, es stellt mir mit einer KI-Maschine von selbst immer wieder neue Videofilme zusammen und erinnert mich permanent an Dinge, die ich vergessen habe und so weiter und so weiter.

Es ist zu meiner zweiten Haut geworden. Deshalb spricht man auch von einer „digitalen Haut“, einem „digitalen Zwilling“ oder einem „digitalen Schatten“[4].

Der Begriff des digitalen Schattens trifft es wohl am besten. Ein Schatten ist allgegenwärtig. Er kommuniziert ständig mit mir und ich mit ihm. Er hat immer einen sehr definierten Bezug zu meiner Person. Das Abbild meiner Person ist aber immer unvollständig oder verzerrt. So sehe ich zum Beispiel einen zehn Meter langen Schatten von mir selbst, wenn die Sonne untergeht. Manchmal sehe ich den Schatten auch nicht.

Auch das psychologische Bild des Schattens eines Menschen ist ein guter Vergleich. Mein Smartphone bietet mir zum Beispiel Bergsteigervideos von Touren an, die ich vor fünf Jahren gemacht habe, wenn ich gerade in derselben Gegend wieder einen Berg besteige. Da kommt in meinem Smartphone-Schatten die Vergangenheit hoch.

[4]ChannelPartner (o. V.): Was ist der digitale Schatten? In: channelpartner.de. https://www.channelpartner.de/a/was-ist-der-digitale-schatten,256703.

> Der digitale Schatten wird zu einem dominierenden Teil der menschlichen und der technischen Identität.

Auch die Maschinen haben ihr Schattenabbild. So gibt es von jeder Werkzeugmaschine einen digitalen Schatten, der in Bezug auf viele Verhaltensweisen der Maschine weiß, wer sie ist, und was gerade bei ihr los ist. Auf diese Weise kommuniziert die Maschine ständig mit ihrem digitalen Schatten.

Auch alltägliche Dinge wie Schuhe werden intelligent sein können und einen digitalen Schatten haben. Sowohl der virtuelle „Schatten-Schuh" als auch der reale Schuh sind Liefergegenstand des „KI-Schuhs" und untrennbar miteinander verbunden.

Und dann kann natürlich auch der digitale Schatten meines Schuhs mit meinem Smartphone-Schatten in Verbindung treten und ohne, dass ich es merke, mit ihm kommunizieren, um meinen Puls, meine Schlafgewohnheit oder meine Körpertemperatur zu übertragen.

Die digitalen Begleiter wird es nicht nur für uns Menschen mit unseren Smartphones und sonstigen digitalen Einrichtungen geben. Auch alle relevanten Gegenstände des täglichen Lebens werden solche digitalen Begleiter haben.

> Es entsteht also eine Art „Schattenwirtschaft", in der die digitalen Schatten von Menschen und Maschinen miteinander kommunizieren. Die digitalen Begleiter werden zu digitalen Partnern werden (Abb. 7.2).

Das ändert aber nichts daran, dass die Mensch-zu-Mensch-Kommunikation unverzichtbar bleibt. Selbst

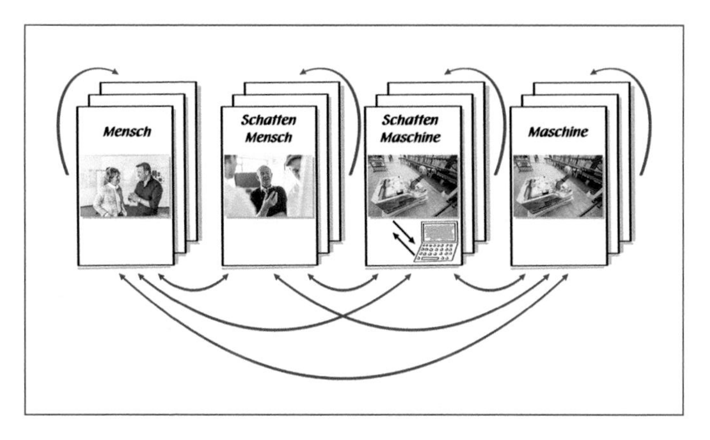

Abb. 7.2 Hybride Intelligenz. (Bilder mit freundlicher Genehmigung der P3 OSTO GmbH und Torwegge Intralogistics GmbH & Co. KG.)

wenn die mediale Unterstützung dieser Kommunikationsform durch Video-Schaltungen, virtuelle Räume und holografische Bildschirme immer besser werden wird, ist das Gegenüber, Miteinander und Füreinander von Mensch zu Mensch durch nichts ersetzbar. Ja, es muss wohl auch in seiner Vielfalt und Einzigartigkeit und seiner Bedeutung neu entdeckt werden. Wenn wir das reduzieren, verdrängen, vernachlässigen, brauchen wir uns nicht zu wundern, wenn die technischen Systeme dieser Welt eines Tages die Herrschaft übernehmen.

Die Mensch-zu-Mensch-Kommunikation bleibt unverzichtbar.

Es ist aber schon heute für über 2,7 Mrd. Menschen und in zehn Jahren statistisch gesehen für alle Menschen so, dass das Smartphone ein unersetzlicher Teil der menschlichen Existenz geworden ist bzw. geworden sein wird. Ohne mein Smartphone geht fast nichts mehr. So wie ich auf einer meiner Dienstreisen mitten in Europa völlig aufgeschmissen war: Flugtickets weg, Zeitplan weg, Telefon weg, keine Telefonnummern verfügbar, Orientierung weg. Ich nehme ja keine Landkarten oder Stadtpläne mehr mit. Gott sei Dank gab es dann noch die Kommunikation von Mensch zu Mensch.

Die Kommunikation des Menschen mit seinen digitalen Schatten ist aber heute schon allgegenwärtig. Denn dazu gehören auch die „Schatten" meiner Person im Netz. Dort hinterlasse ich einen „digital footprint". Dieser digitale Fußabdruck hat unter Umständen über meinen Tod hinaus Bestand. Mein digitaler Schatten könnte „ewiges Leben" haben, während ich selbst schon nicht mehr lebe, zumindest nicht mehr in dieser Welt.

Der digitale Schatten wird Teil der menschlichen Existenz.

Wie beschrieben, haben auch alle Maschinen und Gegenstände ihre digitalen Schatten. So wird denkende Kleidung mit Sicherheit ein Massenprodukt werden. Und dann hat jedes Kleidungsstück einen digitalen Schatten. Die Eltern eines Kindes könnten dann den digitalen Schatten des Anoraks fragen, ob das Kind den Anorak auch angezogen hat oder ihn über dem Arm trägt.

Ebenso könnte man den digitalen Schatten einer Berstscheibe[5] abfragen, ob ein Bruch dieses Sicherheitsrings bevorsteht, auch wenn diese Scheibe am anderen Ende der Welt installiert ist. Das liefernde Unternehmen wird dann alle seine ausgelieferten Berstscheiben in einer weltweiten Lerngemeinschaft haben.

---

[5]Berstscheiben sind Sicherungseinrichtungen für Behälter, um diese vor Über- oder Unterdruck zu schützen. Im Krisenfall bricht die Berstscheibe und lässt einen Druckausgleich zu.

In der Wartung von Triebwerken hat General Electric einen digitalen Zwilling der Turbine entwickelt, der die Abnutzung der Turbinenschaufel des Triebwerks überwacht.[6] Das ist nicht nur für die Früherkennung von Triebwerksschäden sinnvoll. Der digitale Zwilling trägt durch seine Überwachung auch dazu bei, den Kerosinverbrauch zu optimieren.

> Auch die digitalen Schatten der Maschinen und Objekte bilden eine Schattenwelt.

Das ändert aber nichts daran, dass – ebenso wie die Mensch-zu-Mensch-Kommunikation – auch die Maschine-zu-Maschine-Kommunikation unersetzlich ist. Zwischen den Komponenten eines Getriebes findet diese über das „Kommunikationsmittel" Zahnrad statt. Und dieses Zahnrad wird ein Zahnrad bleiben und nicht durch eine KI-Maschine ersetzt werden können. Die direkte Maschine-zu-Maschine-Kommunikation wird demnach unersetzlich sein.

Neben der Tatsache, dass die Intelligenz von Maschinen ein völlig neues Verhältnis der Partnerschaft zum Menschen konstituiert, spielt die digitale Schatten-Kommunikation

- der digitalen Schatten der Menschen untereinander,
- der digitalen Schatten der Maschinen untereinander und
- der digitalen Schatten von Menschen und Maschinen untereinander

eine enorme Rolle.

---

[6] Software Meets Physics How Digital Twins Will Improve Enterprise Application. Gartner DataAnalytics Summit, 04.–06. March 2019, London.

> Die allgegenwärtige und unauffällige Interaktion zwischen den Schatten von Maschinen, Technologien und Gegenständen wird alle Aspekte der Kommunikation dominieren.

Es wird viele Felder geben, bei denen es um eine neue Partnerschaft zwischen Menschen und Maschinen geht. Mal kann es der Mensch besser, mal die Maschine, mal geht es zusammen besser. Diese Kombination von Menschen und Maschinen kann zu einer „Centaur-Intelligenz" führen, aus der sich eine schier endlose Kombination von menschlicher Arbeit und der Arbeit durch intelligente Maschinen ergibt.[7] Alles, was dabei eine intelligente Maschine oder ein intelligenter Gegenstand besser kann als wir Menschen, das soll die Maschine dann auch übernehmen. Ein gutes Beispiel hierfür ist das „Walk-again-Center" in Berlin, in dem Patienten mit schweren Unfallschäden wieder laufen lernen.[8]

Viele Gegenstände werden nach und nach intelligent werden und einen lebenslangen Lernprozess mit sich, mit ihren „technischen Nachbarn" und mit den Menschen eingehen.

Manche Dinge – vor allem wenn es um starke Formen der Kreativität, der Emotionen, der Reflexion, das Nachdenken über Gott und die Welt geht – werden sicherlich Felder bleiben, wo wir Menschen (hoffentlich) überlegen sind und bleiben.

Diese Hybride Intelligenz und Partnerschaft zu denken, zu entwerfen, zu bauen und vor allem zu erproben, muss

---

[7]Bush, Brad: How combined human and computer intelligence will redefine jobs. In: techchrunch.com. https://techcrunch.com/2016/11/01/how-combined-human-and-computer-intelligence-will-redefine-jobs/.

[8]Golem.de (o. V.): Aktive Exoskelette. In: golem.de. https://www.golem.de/news/ottobock-wie-ein-exoskelett-die-arbeit-erleichtert-1901-139053-3.html.

Aufgabe der nächsten Jahrzehnte sein, damit uns die Entwicklung nicht in eine Richtung überrollt, die wir nicht wollen (Tegmark 2017).

Literatur

Henning, K. (2014). *Die Kunst der kleinen Lösung. Wie Menschen und Unternehmen die Komplexität meistern*. Hamburg: Murmann.

Brandt, D. (2003). Human-centered system design. 20 Case Reports. Aachener Reihe Mensch und Technik, Bd. 42. Verlag Mainz.

Henning, K., Oertel, R., & Isenhardt, I. (2003). *Wissen – Innovation – Netzwerke. Wege zur Zukunftsfähigkeit*. Berlin: Springer.

Henning, K., & Preuschoff, E. (2003). *Einsatzszenarien für Fahrerassistenzsysteme im Güterverkehr und deren Bewertung*. Düsseldorf: VDI.

Haberstroh, M. (2014). *Prospektive Analyse sozio-technischer Innovationen – Die elektronische Kopplung von Lkw auf Bundesautobahnen aus sozialwissenschaftlicher Perspektive*. Marburg: Tectum.

Tegmark, M. (2017). *Leben 3.0: Mensch sein im Zeitalter Künstlicher Intelligenz*. Berlin: Ullstein.

8

Die digitale Systemlandschaft

Durch die global verzweigte Vernetzung ist eine digitale Systemlandschaft entstanden, die aus drei Aspekten besteht:

- Intelligenz kommt in alle Dinge dieser Welt.
- Die physikalische und die digitale Welt sind flächendeckend und engmaschig miteinander verknüpft.
- Das funktioniert aber nur, wenn darunter eine entsprechende digitale Infrastruktur liegt.

Wie die Intelligenz in die Dinge dieser Welt kommt, haben wir bereits an vielen Beispielen gesehen. Sie kann sich in Apps auf Smartphones und Notebooks abbilden, aber ebenso in den Gegenständen selbst.

> Intelligente Apps und Dinge werden überall sein.

K. Henning, *Smart und digital*,
https://doi.org/10.1007/978-3-662-59521-3_8

Es ist eben keine Utopie mehr, sich vorzustellen, dass die Getränkeflasche eines Mixgetränks einen intelligenten digitalen Schatten enthält, der mich nach dem Genuss fragt:

„Hat es Ihnen geschmeckt?“

Und ich antworte:

„Ja, aber ich hätte es gerne etwas süßer und mit Maracuja-Geschmack.“

„Das ist kein Problem – ich kann Ihnen bis morgen eine Flasche bestellen, die etwas süßer ist. Nein, bis übermorgen, weil ich gerade feststelle, dass wir den Geschmack mit Maracuja noch nie gemacht haben. Aber innerhalb von 48 Stunden werden Sie die Maracuja-Flasche hier haben.“

Tatsächlich sind Unternehmen dabei, die Idee des „One-Piece-Flows“ von der industriellen Fertigung auf Konsumgüter zu übertragen und ihre gesamten IT-Strukturen, Abfüllanlagen und Produktionseinrichtungen so umzubauen, dass so etwas möglich wird.

Im Dienstleistungssektor sind viele solcher Verknüpfungen schon allgemeiner Standard. So gibt es beispielsweise oft die automatische Umfrage-SMS: „Waren Sie zufrieden mit Ihrer Pizzabestellung?“ oder „Waren Sie zufrieden mit der WhatsApp-Anrufqualität?“.

> Die Verknüpfung von physikalischer und digitaler Welt ist ein Engpass.

Augmented Reality, Blockchain, Bitchoins und Sprachautomaten

In der zweiten Schicht geht es um die Grundstrukturen, die die reale und die digitale Welt miteinander verknüpfen. Das Prinzip der digitalen Schatten (digitale Zwillinge) haben wir bereits ausführlich beleuchtet.

Hinzu kommt die Technologie, die virtuelle und erweiterte (augmented) Realität umfasst. So kann man zum Beispiel dann endlich an versteckten Stellen im Motorraum Schrauben lösen, weil man mit der virtuellen Brille sowohl die eigene Hand mit dem realen Schraubenzieher als auch die Sollposition des digitalen Schattens des Schraubenziehers sieht. Und wenn ich mit der ersten Schraube fertig bin, wandert der virtuelle Schraubenzieher bereits zu der Stelle, an der die nächste Schraube sitzt, sodass ich weiß, wo ich mit dem realen Schraubenzieher arbeiten muss.

Dazu gehören auch Technologien wie Blockchain (Herget et al. 2018), die eine weltweite Verkettung von Daten ermöglichen. Der Trick an der Idee ist, dass weltweit an möglichst vielen Knotenpunkten Informationen aller Daten-Transaktionen gespeichert werden und damit auch die ganze Geschichte der Entstehung dieser Daten. Keine der gemachten Transaktionen kann nachträglich geändert werden, weil sie in allen Knoten registriert ist. Wenn man also an einem bestimmten Knoten eine Transaktion der Vergangenheit ändern, also manipulieren, will, merken das alle anderen Knoten, und der Versuch der Fälschung der Vergangenheit fliegt auf. Das Ganze ist eine Art ewiges Gedächtnis, weil an vielen Stellen die ganze Transaktionsgeschichte abgelegt ist. Wenn jemand nun eine neue Transaktion macht, müssen alle Knoten zustimmen, indem sie sagen: In der Vergangenheit war alles in Ordnung. Das moralische Prinzip dieses Sicherheitskonzeptes heißt also: Wer einmal lügt, fliegt raus. Der zentrale Vorteil und zugleich das zentrale Risiko von Blockchain liegt darin, dass aufgrund der inhärenten Fälschungssicherheit kein vertrauenswürdiger zwischengeschalteter Partner mehr für Transaktionen benötigt wird.

Die Anwendungsbereiche sind enorm. Der bekannteste Anwendungsbereich der Bitcoins, also eines Geldsystems im Netz, ist trotz aller Risiken eines neuen, nicht kontrollierten Finanzsystems eine Alternative zum „normalen“ Geld. Das Bitcoin-System hat starke Wertschwankungen, aber im Vergleich zu manchen Ländern mit extrem hoher Inflation ist es ein vergleichsweise sicheres Zahlungsmittel. Darüber hinaus ist es im sogenannten Darknet ein häufiges Zahlungsmittel, um zu vermeiden, dass kriminelle Aktivitäten auffliegen.[1]

> Die Blockchain-Technologie führt in ein neues Sicherheitskonzept weltweiter Transaktionen von Waren, Dienstleistungen und Geldverkehr.

Schließlich ist die Art und Weise, wie wir mit unseren digitalen Partnern reden, ein weiteres wichtiges Element. Jeder kennt die lästige Kommunikation mit automatischer Spracherkennung und Sprachautomaten. Auch hier gilt: Digitale Deppen brauchen wir nicht.

Wenn aber Sprachautomaten als KI-Systeme gestaltet werden, gibt es ein Problem. Auch solche KI-Systeme brauchen dann ein eigenes Bewusstsein. Dabei ist die Eigenschaft, im Dialog sprechen zu können, alles andere als trivial.

Dazu wurden bei einer der großen Internetplattformen zwei KI-Systeme entwickelt, die miteinander lernen sollten, gut im Dialog zu sprechen. Beide Systeme haben das auch getan, aber nicht so, wie sich die Entwickler das gewünscht hatten. Die Entwickler stellten plötzlich fest, dass die beiden KI-Maschinen eine Syntax, also eine

---

[1]Beuth, Patrick: Die Blockchain ist auch ein Trottel-Archiv. In: spiegel.de. https://www.spiegel.de/netzwelt/web/bitcoin-und-das-darknet-forscher-enttarnen-drogenkaeufer-a-1190942.html.

Grammatik, entwickelt hatten und die entsprechenden Zeichensätze fleißig miteinander austauschten. Nun ist es ja bei einer Sprache so, dass zu jeder Syntax eine Semantik, also ein Verständnis und eine Übereinkunft über die Bedeutung der Syntax, gehört.

Und genau da lag das Problem: Die Entwickler konnten nicht feststellen, ob hinter der Syntax eine Semantik liegt. Es hätte ja auch sein können, dass die beiden KI-Maschinen einfach nur Zeichensätze austauschen. Es gab aber zunehmend Verdachtsmomente, dass dahinter tatsächlich eine Semantik steckte, die jedoch die Entwickler nicht verstanden. Möglichweise hatten die beiden Maschinen eine eigene Sprache entwickelt, allerdings mit dem Nachteil, dass die Außenwelt sie nicht verstehen konnte.

Was tun? Die Entwickler entschlossen sich, die beiden KI-Maschinen abzuschalten, weil sie das eigentliche Ziel, eine menschenähnliche Sprache zu entwickeln, verfehlt hatten. Also wieder einmal „Todesstrafe" für KI-Maschinen, die etwas tun, was die Erfinder nicht wollten. Der „Fehler" der Entwickler bestand darin, dass sie bei der „Geburt" der beiden KI-Maschinen vergessen hatten, eine Regel als „Gesetz" festzulegen: Ihr dürft keine eigene Sprache entwickeln. Oder: Jede neue Sprache muss einen automatischen Übersetzer umfassen. Oder: Das Sprechen in einer Sprache, die die reale Welt nicht versteht, ist verboten.

Noch grundlegender ist natürlich die digitale Infrastruktur, auf der alle diese Services, Apps und Kommunikationswege laufen können.

Drähte, Kabel, Satelliten

Zunächst braucht es eine leistungsfähige physikalische Struktur über draht- und kabelverbundene Kommunikation. Die Fortschritte auf diesen Gebieten sind enorm und ein Ende der Entwicklung ist noch nicht absehbar.

> Wenn die digitale Infrastruktur nicht stimmt, geht gar nichts.

Man bedenke, dass noch vor 40 Jahren die zwei dünnen Drähte einer Telefonleitung nur dazu gut waren, zu telefonieren. An unserem Schweizer Haus wurde in den 90er-Jahren so eine Zweidrahtleitung noch über Masten zum Haus geführt. Und dann war ich stolz, dass diese zwei Drähte zusätzlich eine Fax-Verbindung herstellen konnten, über die man beschriebene Seiten verschicken konnte. Über die gleichen zwei dünnen Drähte kommt heute über moderne DSL-Technik nicht nur das Telefon, sondern auch in hoher Geschwindigkeit das Internet mit dem WLAN-Router für beliebig viele Nutzer. Und über 100 Fernsehprogramme. Alles über zwei Kupferdrähte.

Natürlich wird diese Entwicklung durch Glasfaserkabel in eine neue Dimension gehen. Es ist aber offensichtlich, dass die vorhandenen Basistechnologien – wie z. B. die Technologien, die über Zweidrahtleitungen laufen – mindestens ebenso schnell wachsen wie neue, von der Grundstruktur her leistungsfähigere Technologien.

Das Gleiche spielt sich bei der Drahtloskommunikation ab. In dem schon genannten Haus in den Schweizer Bergen war ich im Jahr 1990 froh, dass ich mit meinem Handy – einem der ersten im D1-Netz – drei Kilometer auf einen Hügel fahren konnte, von dem man 1000 Höhenmeter ins Tal sehen konnte. In diesem Tal stand sogar schon ein Funkturm. Heute kann ich mir die drei Kilometer lange Wegstrecke sparen und finde auf meinem Smartphone vier unterschiedliche Provider, die ich in fast jedem verwinkelten Tal bis hinauf auf 4000 m Höhe nutzen kann. Und das GPS-System meines Smartphones weiß, wo ich bin.

Sicherheit?

So teilen sich inzwischen viele Familien ihre Standortpositionen mit und können verfolgen, wo der andere gerade ist, wenn er zum Beispiel eine Reise nach Australien macht. Natürlich hat das den Nachteil, dass diese Daten – zumindest mit den derzeitigen Technologien – für Leute verfügbar sind, die sie besser nicht haben sollten. Aber:

> Die Nützlichkeit und Bequemlichkeit siegen im Zweifel über das Bedürfnis nach Datenschutz.

Die damit verbundene Frage nach der Sicherheit ist eine weitere entscheidende Dimension der digitalen Infrastruktur.

Verwende ich das öffentliche Internet oder ein eigenes geschütztes Global-Area-Netzwerk?

Wie baue ich geeignete Sicherheitsarchitekturen? Wie sieht der Bauplan von Softwaresystemen aus, die durch ihre Struktur bereits Sicherheit erzeugen?

Was passiert, wenn eine neue Generation von Computern erscheint, die sogenannten Quantencomputer? Dann könnten theoretisch alle Passwörter dieser Welt im Handumdrehen geknackt werden. Gleichzeitig würden solche Computer das Monopol für sichere Passwörter bekommen.

Wenn wir unsere Daten alle in den Clouds ablegen: Wo liegen denn dann die Daten physikalisch? Wer hat denn im Konfliktfall zwischen Ländern und Unternehmen die Zugriffsmacht? Was versteht man juristisch unter Daten? Wie sieht eine Sicherheitsstruktur der Datenzentren aus, wobei hier die physikalische Gestalt solcher Einrichtungen gemeint ist?

Wir werden eine neue Kultur der Grenzen brauchen. Es werden aber nicht mehr die „alten" Typologien von Grenzen sein. Die Wiederentdeckung des Wertes einer Grenze ist aber eine zentrale Notwendigkeit, wenn wir das notwendige Gleichgewicht zwischen Weltoffenheit, Privatsphäre und regionaler Geborgenheit (wieder-)finden wollen.

> Die Frage der Grenzen wird durch das digitale Zeitalter nicht aufgehoben. Es werden aber Grenzen anderer Art sein.

Bei der digitalen Infrastruktur gibt es noch ein grundlegendes Problem mit dem derzeitigen Internet. Es ist nicht echtzeitfähig. Die Zeit zur Übermittlung von Nachrichten und Daten dauert viel zu lange und ist vor allem nicht genau getaktet. Das aber braucht man für echtzeitfähige KI-Systeme. Innerhalb eines Roboterteams in einer Fertigung ist das kein Problem. Wenn das aber über drahtlose Satelliten-Kommunikation funktionieren soll, wird es zu einem Problem.

Ein zweites Internet

Hier zeichnet sich ein zweites Internet ab, das speziell für Echtzeitanwendungen gedacht ist. Mit „Near Orbit Satellites"[2] soll das Problem gelöst werden. Solche Mikrosatelliten liegen in der Regel in der Gewichtsklasse um die 70 kg, verbrauchen nicht mehr als 50 W und liegen im Volumen zurzeit bei ca. einem halben Kubikmeter. Es ist also eine relativ kleine Kiste, die dann in ca. 600 km

---

[2]University of British Columbia: Near Earth Orbiting Satellites. https://www.math.ubc.ca/~cass/courses/m309-01a/hunter/satelliteOrbits.html.

in weniger als 100 min um die Erde kreist. Diese Sphäre nennt man die LEO-Region (Low Earth Orbit). Bisher hat man solche Satelliten nur für spezielle Missionen eingesetzt, wie etwa die Erforschung der Pole oder die Identifikation von Weltraummüll. Viele Länder der Erde sind bei der Entwicklung solcher Mikrosatelliten aktiv.

Das neue Internet soll nun aus einigen Hundert solcher Satelliten, die ein komplettes Netz über der Erde bilden, bestehen. Jeweils 10 bis 20 sollen mit einer Trägerrakete ins All befördert werden. Die Signallaufzeiten sind so gering, dass damit dann eine Echtzeitdatenkommunikation mit intelligenten Objekten auf der Erde möglich ist.

Damit könnte man dann Heizungen steuern oder die Weichen von Schienennetzen oder ganze Transportketten in Echtzeit verfolgen.

Kleine Near-Orbit-Satelliten werden ein Echtzeit-Internet für die intelligenten Gegenstände dieser Welt ermöglichen.

Nun ist das keine Zukunftsmusik mehr, denn China ist – neben Kanada – stark in dieser Entwicklung mit dem Ziel engagiert, in diesem riesigen Land logistische Systeme zu verknüpfen. Wenn man aber schon die Satelliten hat, kann man ja auch gleich die ganze Welt erschließen, weil diese Satelliten ja nicht „ortsfest" am Himmel kleben, sondern eben in wenigen Minuten um die Erde kreisen. Kein Wunder also, dass sich China auch für Europa interessiert.

Solche Minisatelliten werden bezüglich ihrer Größe und ihres Energieverbrauchs noch deutlich kleiner und effizienter werden. Und dann könnte man sie als „Minisatellit" in Autos einbauen und hätte damit auf der Erde ein Gegenstück zu den Mikrosatelliten im Weltraum, also ein zweites Echtzeitnetz. Auch an dieser Entwicklung wird mit Hochdruck gearbeitet.

Es bestehen keine Zweifel, dass die dramatische Entwicklung intelligenter Gegenstände in eine weitere neue Dimension kommt, wenn alle diese Gegenstände in einem neuen Echtzeitinternet sekundengenau miteinander verbunden werden können. Da stehen wir erst ganz am Anfang und werden es in 30 Jahren als normal empfinden.

Digitale Plattformen

Aus den vernetzten Basistechnologien entstehen vielfältige digitale Plattformen, über die Daten gesammelt und zur Verfügung gestellt werden können. Für jedes Thema kann dann aus den physikalischen Bausteinen der digitalen Infrastruktur ohne großen Aufwand eine digitale Nutzerplattform aufgebaut werden. Diese Plattformen bilden die eigentliche Revolution der Geschäftsmodelle. Sie ermöglichen die Verwendung von KI-Maschinen in weltweitem Kontext in allen spezifischen Anwendungsbereichen der Weltwirtschaft (vgl. Kap. 9).

> Weltweite digitale Infrastrukturnetze ermöglichen digitale Plattformen. Wer nicht mit den für ihn relevanten Plattformen dieser Welt verknüpft ist, wird von denen abgehängt werden, die sie nutzen.

Fassen wir zusammen:

Intelligenz wird überall in den Apps und in den Gegenständen dieser Welt sein.

Physikalische und digitale Welt werden mit digitalen Schatten (digitalen Zwillingen), virtueller und erweiterter Realität (Augmented Reality) und Near-Orbit-Satelliten immer intensiver verknüpft werden.

Alles entscheidend wird aber die darunter liegende digitale Infrastruktur, die das alles ermöglicht, sein. Hier werden die digitalen Plattformen eine entscheidende

Rolle spielen, denn durch sie werden auch supranationale Machtstrukturen und Einflusssphären geschaffen werden.

Auf der Basis dieses Überblicks zu den technischen Dimensionen einer digitalen Systemlandschaft können wir jetzt in eine Betrachtung eintreten, wie Geschäftsmodelle der Zukunft aussehen und wie sich unsere Arbeit verändert wird.

Literatur

Herget, A., Weyer, S., Birtel, M., & Ruskowski, M. (2018). Blockchain in der Produktion. *magazin, 60*(6–7). http://ojs.di-verlag.de/index.php/atp_edition/article/view/2352.

9

Auf dem Weg zu neuen Geschäftsmodellen

Die neuen Möglichkeiten, alle Prozesse des Lebens und Arbeitens detailliert in der digitalen Schattenwelt abbilden zu können, haben massiven Einfluss auf die Art und Weise, wie Menschen miteinander handeln und Waren austauschen. Der Schlüssel dazu sind digitale Plattformen, also eine Art Marktplatz für Waren und Dienstleistungen. Wie im realen Leben gibt es kleine und große Marktplätze, angefangen vom einzelnen Marktstand über die Abbildung eines ganzen Kaufhauses auf einer digitalen Plattform bis hin zu weltweit agierenden Plattformen wie Amazon oder Alibaba, bei denen man fast alles an einem beliebigen Ort einkaufen kann.

Ein amerikanischer Kollege, der nach Deutschland umgesiedelt ist, hat seine amerikanische Kreditkarte von Amazon behalten und macht damit sein gesamtes privates Hausmanagement. Sogar den Installateur für die Reparatur eines defekten Wasserhahns in seinem Haus in Deutschland bestellt er auf der amerikanischen

K. Henning, *Smart und digital*,
https://doi.org/10.1007/978-3-662-59521-3_9

Amazon-Plattform und erhält eine verbindliche Zeitangabe – wie beim Paketdienst –, wann der Installateur bei ihm den Wasserhahn repariert. Der Installateur wohnt natürlich nur wenige Kilometer von dem defekten Wasserhahn entfernt.

Die neuen Geschäftsmodelle nutzen alle in irgendeiner Weise digitale Plattformen. Solche Plattformen sind nichts anderes als das, was man intern in einer modernen Fabrik macht: Prozesse, Daten, Produktionssysteme und menschliche Arbeit sind mit ihren digitalen Abbildern aufs Engste verknüpft. Diese Verknüpfung wird nun auf alle Prozesse, Daten, Fahrzeuge, Pakete und sonstigen relevanten Gegenstände bis zum Kunden ausgeweitet.

Wer die Plattformen beherrscht, macht das Geschäft.

Das sogenannte „Digital Business“ ermöglicht eben nicht nur eine Handelsbeziehung, bei der es um digitale Produkte und Dienstleistungen geht. Das Entscheidende ist, dass man jeden „normalen Geschäftsprozess“ an eine solche Plattform „anhängen“ kann. Genau hier wird es spannend.

Neue Modelle für Taxis und Hotels

So besitzt das weltgrößte Taxi-Unternehmen Uber keine eigenen Taxis und keine eigenen Fahrer. Uber ist sozusagen die Regierung von zehntausenden Fahrzeugen und Fahrern, die weltweit ihre Aufträge durch Kundenbestellungen auf einer digitalen Plattform erhalten. Viel zu spät haben nationale, regionale Taxi-Verbände darauf reagiert. Und manche Länder verbieten die Plattform einfach – einmal zum Schutz der traditionellen Taxi-Fahrer oder aber auch aus ethischen Gründen in Bezug auf Mindestlöhne und Arbeitsbedingungen.

Jedenfalls kann ich an vielen Flughäfen auf meinem Smartphone sehen, welchen Preis ich gerade bei Uber erhalte und was ein lokales offizielles Taxi-Unternehmen anbietet. Ohne solche Plattform-Technologien kann man heute kein Taxi-Unternehmen mehr betreiben.

Dazu gehört auch, dass der Kunde zunehmend erwartet, dass er nach der Bestellung eines Taxis sofort auf seinem Smartphone sehen kann, wo sich das ihm zugewiesene Taxi gerade befindet, welches Kennzeichen das Taxi hat und wann es eintreffen wird.

Ich hatte einmal die Situation, dass die angegebene Zeit bis zur Ankunft des Taxis nicht kürzer wurde, und stellte fest, dass das Taxi an einer bestimmten Stelle war und sich nicht bewegte. Über Google Maps fand ich heraus, dass an dieser Stelle ein Café war. Der Taxi-Fahrer hatte sich offensichtlich einen Kaffee gegönnt, obwohl er die Fahrt angenommen und zugesagt hatte. Ich stellte ihn nach der verspäteten Ankunft zur Rede, indem ich ihn damit konfrontierte, dass er offensichtlich im Café X eine Pause eingelegt hatte. Es stimmte.

Es sollte nachdenklich stimmen, dass es durch die digitalen Schatten deutlich schwerer wird zu lügen, weil alles viel transparenter wird. Aber wollen wir das auch?

Nicht anders sieht es mit den Hotelanbietern aus. Der weltweit größte Anbieter von Übernachtungsunterkünften Airbnb hat keine eigenen Hotels. Bei gleichzeitig enormen Gewinnspannen hat dieses Unternehmen Millionen von Menschen auf der ganzen Welt gewonnen, ihre Häuser für Gäste zu öffnen. Es entstand ein völlig neuer Markt für Übernachtungen. Für viele Menschen haben sich dadurch neue Einkommensquellen erschlossen. Dadurch sind im weltweiten Kontext Menschen näher zusammengerückt. Konkurrenzplattformen für spezielle Personengruppen schießen aus dem Boden. Eigentlich ist es eine einzige

Erfolgsgeschichte bis hin zu einem Beitrag zur Völkerverständigung. Gleichzeitig wird jedoch weltweit Wohnraum zweckentfremdet.

Traditionelle Geschäfte auf neuen Wegen

Aber wiederum: Wollen wir diese Transparenz, die dazu führt, dass alle meine Wege, die ich auf dieser Welt mache, mehr oder minder öffentlich sind?

> Das Plattformunternehmen hat in der Regel das spezielle Know-how über den Handelsgegenstand nicht. Es stellt nur die Verbindung zum Kunden her.

So ist es nur konsequent, dass der weltweit größte Online-Händler[1] Amazon fast keine eigenen Handels- und Verkaufshäuser besitzt, sondern nur eine Anzahl großer Logistik-Knoten. Hinter Amazon mit 232 Mrd. US$ Umsatz im Jahr 2018 rangiert zurzeit Apple. Apple betreibt aber im Kernsegment der Smartphones eigene Shops. Der weltweit drittplatzierte amerikanische Konzern Walmart betreibt auch eigene Geschäfte bis auf die Einzelhandelsebene. Und das 2019 auf Rang vier rangierende ehemals klassische deutsche Versandhaus Otto zeigt, dass auch deutsche Unternehmen auf dem Markt der Online-Händler mitspielen können.

> Es ist möglich, das traditionelle Geschäft mit den neuen Geschäftsmodellen zu verknüpfen.

Das Geschäft über digitale Plattformen abzubilden, ist auch für den Mittelstand eine richtungsweisende Option.

---

[1]Ten of the day (o. V.): Die 10 größten Online-Shops der Welt. https://www.tenoftheday.de/die-10-groessten-online-shops-der-welt/.

Jede noch so kleine Boutique kommt heute kaum noch ohne zusätzlichen Online-Shop aus. Das gilt auch für das Handwerk. So hat sich ein Geigenbauer aus Deutschland an einen der Plattformbetreiber gewandt und ihn gebeten, für den Vertrieb zu sorgen. Der Inhaber hat sich überlegt, welche Geigen er gerne in welcher Menge bauen will, und der Plattformpartner hat den Vertrieb sehr kostengünstig erledigt, mit dem Effekt, dass der kleine Geigenbauer Planungssicherheit hat und weltweit bekannt geworden ist.

Außenseiter dringen in traditionelle Branchen

Es zeigt aber auch, dass in großen leistungsstarken traditionellen Branchen ein Außenseiter in den Markt eindringt und diesen in kurzer Zeit kräftig durcheinanderbringt. Wer hätte gedacht, dass plötzlich ein amerikanisches Suchmaschinen-Unternehmen ein autonom fahrendes Fahrzeug entwickelt, sich dazu deutscher Zulieferer bedient und geeignete Ingenieure aus Deutschland holt?

Was aber hat das mit der Plattformtechnologie zu tun? Solche Fahrzeuge sind miteinander verknüpft. Jedes Fahrzeug lernt permanent von jedem anderen. Zusammen lernen diese vollautomatischen Fahrzeuge über jede Fahrsituation eines jeden Fahrzeugs. So wie die AlphaGo-Maschine mit dieser Strategie die menschlichen Spieler bezwungen hat. Das Auto ist dabei die „Nebensache". Zunächst ist das Ganze eine große Plattform, an der viele selbstfahrende Autos hängen, die permanent voneinander lernen.

Natürlich stellt sich dabei die Frage nach der Identität zukünftiger Autohersteller. Ist das Auto überhaupt noch der Unternehmensgegenstand? Vordergründig ja. Aber die Verkaufbarkeit von Autos wird maßgeblich davon abhängen, wie sie sich in der digitalen Welt verstehen. Dazu gibt es mehrere Optionen und nicht die eine Lösung.

So könnte sich ein Autokonzern für die Identität „Bereitstellen von Mobilität“ entscheiden. Man merkt schon an der Formulierung, dass dazu vielleicht auch Fahrräder, Elektroroller und Lufttaxis gehören könnten. Und in der Tat sind einige Hersteller dabei, vollelektrische Lufttaxis mit und ohne Piloten zu erproben. Airbus denkt sogar über eine selbstfahrende Autodrohne nach, also ein Fahrzeug, das fahrerlos als Auto fährt und auch als Drohne unterwegs sein kann.[2] Man fühlt sich an einen Spielfilm aus den 50er-Jahren des vorherigen Jahrhunderts erinnert. In diesem konnte ein Volkswagen fliegen – das „Fliwatüüt“[3].

Eine zweite Möglichkeit für einen Autokonzern wäre, sich als Daten-Gigant aufzustellen. Die privilegierte Situation, an Millionen von Menschen weltweit ein Fahrzeug zu verkaufen und demnächst alle Wege zu kennen, die die Kunden im Laufe der Laufleistung des Fahrzeugs zurücklegen, legt die Überlegung nahe, ob die damit gewonnenen Daten nicht viel wertvoller sind als die verkauften Autos. Der Verkauf von Autos würde dann dazu gebraucht, die Daten zu bekommen, mit denen man das eigentliche Geschäft macht.

Eine dritte Möglichkeit wäre das Leitbild „Lebensstil und Individualität des Menschen ermöglichen“. Konsequenzen eines Leitbilds, das in diese Richtung geht, kann man zum Beispiel bei einem nordeuropäischen Autohersteller erkennen. In der Studie Volvo 360c[4] wird ein Fahrzeug vorgestellt, das einen Ersatz zum Fliegen über

[2]T3n.de: Lufttaxi der Zukunft? Airbus zeigt Auto-Drohnen-System. https://t3n.de/news/lufttaxi-airbus-auto-drohnen-802875/.

[3]https://de.wikipedia.org/wiki/Robbi,_Tobbi_und_das_Fliewatüüt.

[4]Kramper, Gernot: Volvo 360c – wenn das Auto zum Schlafzimmer wird. In: stern.de. https://www.stern.de/auto/fahrberichte/volvo-360c---wenn-das-auto-zum-schlafzimmer-wird-8348776.html.

kleine Entfernungen bis zu 800 km darstellen soll. Dieser Fahrzeugentwurf sieht vor, dass ich abends in ein vollautomatisches Fahrzeug steige, in dem das Abendessen vorbereitet ist. Anschließend kann ich fernsehen und mich schlafen legen. Und am nächsten Morgen wird mir in der Nähe des Zielorts das Frühstück ins Auto geliefert. Dann fährt mich das Fahrzeug zu meinem Zielort, setzt mich dort ab und sucht sich einen Parkplatz.

Die Beispiele machen deutlich, wie sich die digitale Plattformtechnologie für intelligente Gegenstände und Maschinen nutzen lässt.

Auffallend ist, dass sich zu den Unternehmen an vorderster Front dieser Entwicklung solche Unternehmen gesellen, die man auf den ersten Blick da nicht vermuten würde.

Da gibt es zum Beispiel ein mittelständisches Familienunternehmen, das sich mit Einrichtungen beschäftigt, die man zum Greifen, Spannen, Drehen und Dosieren in der industriellen Produktion einsetzt. Man könnte bei dem Unternehmen auch eine Schweißzange erwerben. Mit gut 1000 Mitarbeitern gehört das Unternehmen bei der vorsorglichen Wartung und der Bedarfsvorhersage zu den Besten weltweit. Wenn zum Beispiel ein Hinweis auf eine Fehlfunktion besteht, werden aus dem Cloud-Speicher die Informationen an ein firmeneigenes Leitsystem gesendet, das sie auswertet und bei einem Vorfall an die Service-Experten des Unternehmens weitergibt. Die Spezialisten werden per SMS benachrichtigt und bekommen die Informationen aufs Handy, Tablet oder den Computer.

Vorreiter im Maschinenbau

Bei einem anderen Unternehmen, das unter anderem Rolltreppen herstellt, haben die Servicetechniker auf ihrem Smartphone einen sogenannten digitalen Werkzeugkoffer sowie Karten und Pläne mit 24/7-Zugriff, also rund um die Uhr. Die Techniker erhalten in Echtzeit

Informationen über den Gesundheitszustand der Anlagen. Auch der Kunde hat Zugriff auf diese Daten. Wenn zum Beispiel eine Fahrtreppe ausgefallen ist, setzt ihn die App des Lieferanten direkt ins Bild. Und er erfährt auch gleich, ob bereits ein Techniker unterwegs ist.

Es wird deutlich, wie sehr diese Technologien in die Arbeitsplatzstrukturen eingreifen. Für den Kunden ist die ständige Verfügbarkeit von Daten und Informationen ein großer Vorteil und ein hoher Wert. Solche digitalen Netze und KI-Maschinen brauchen keinen Sonntag und keine Nacht.

Was aber wird aus dem Arbeitsrhythmus der Menschen? Was passiert überhaupt im Zuge dieser Entwicklung mit der menschlichen Arbeit? Sind wir dabei, die menschliche Arbeit abzuschaffen?

10

Künstliche Intelligenz verändert alle Arbeitsplätze

Wie bei allen Innovationszyklen führt auch die digitale Transformation mit intelligenten Maschinen und Gegenständen zu massiven Veränderungen der Arbeitswelt. Wird uns die menschliche Arbeit ausgehen? Oder verändert sie sich nur massiv?

Spannungsfelder
Dazu wollen wir zunächst einige unauflösbare Spannungsfelder betrachten und zwar

- zwischen Nationen und Kulturen,
- zwischen Menschen und den neuen Technologien,
- zwischen den unterschiedlichen wissenschaftlichen Disziplinen,
- zwischen Virtualität und Realität und
- zwischen Menschen und Objekten mit eigenem Bewusstsein.

K. Henning, *Smart und digital*,
https://doi.org/10.1007/978-3-662-59521-3_10

Die erstgenannten waren schon immer unauflösbare Spannungsfelder, die im Rahmen der digitalen Transformation mit Künstlicher Intelligenz neu zu interpretieren sind. Die beiden letztgenannten sind neue Spannungsfelder, die wir bisher in der Menschheitsgeschichte nicht kannten.

Getrieben durch die Möglichkeiten der digitalen Netze und der Verknüpfung aller Ereignisse rund um die Welt entstehen immer mehr multinationale Organisationen und es gibt mehr global agierende Unternehmen, die auch gar nicht mehr so groß sein müssen wie früher. Dies treibt weltweit Komplexität und Dynamik weiter an.

So können beispielsweise kleine Hilfsorganisationen schon mit einem Dutzend Mitarbeitern rund um die Welt viel Gutes bewegen. So lassen sich aber auch leicht profitable Schlepperorganisationen für Flüchtlinge etablieren. Diese Zwiespältigkeit im globalen Ausmaß wird Arbeits- und Lebensverhältnisse irreversibel beeinflussen.

Nationale Identitäten und Kulturen prallen so immer öfter ungebremst aufeinander. Umgekehrt wächst der oft unreflektierte Bedarf nach rein nationaler Identität und das Bedürfnis nach Heimat und Zugehörigkeit in einem überschaubaren Rahmen rapide an.

Wir werden lernen müssen, diese Gegensätze zwischen globaler Freiheit und Engigkeit der Kulturen und Nationen wahrzunehmen, auszuhalten und weltweit zu steuern.

Das Spannungsfeld zwischen Nationen und Kulturen wird immer größer und ist unauflösbar.

In dem alten Spannungsfeld zwischen Menschen und (neuen) Technologien ändert sich nichts Grundsätzliches. Allerdings haben wir als Gesellschaften immer noch nicht verstanden, die Verliebtheitsphase in neue Technologien rascher zu überwinden und jeweils realistisch zu werden.

Der Umstieg in neue alternative Energieversorgung geht eben nicht so schnell, wie sich das die Idealisten vorstellen. Und der Neuentwurf eines Mähdreschers wird unter Einfluss der Digitalisierung acht anstelle von zehn Jahren brauchen.

Was sich allerdings geändert hat, ist unsere Abhängigkeit von technischen Systemen. Arbeitsplätze ohne intelligente technische Systeme wird es immer weniger geben.

> Das Spannungsfeld zwischen Menschen und Technologien bleibt unverändert – erst verliebt in neue Technik, dann ernüchtert, dann realistisch.

Die Spannungsfelder zwischen den unterschiedlichen wissenschaftlichen Disziplinen und damit auch zwischen vielen Berufsbildern werden zunehmen. Die großen Innovationen und neuen Aufgaben entstehen gerade in der Wechselwirkung zwischen verschiedenen Disziplinen und Berufsgruppen. Die dadurch entstehenden neuen „Subjekte" und die damit verbundenen neuen Berufsbilder können nicht mehr in die alten „Kästen" und Schubladen der Disziplinen eingepasst werden.

Das ist unbequem, aber eine unvermeidbare Folge der massiv gestiegenen Komplexität und Dynamik, die die digitale Transformation ermöglicht. In der Folge davon werden Ausbildungs- und Studiengänge schneller und öfter an die Anforderungen der zukünftigen Berufswelt und den daraus abzuleitenden Berufsbildern angepasst werden.

So muss zum Beispiel ein Spezialist für präventive Instandhaltung Kompetenzen aus Softwareentwicklung, Robotertechnologie, Regelungstechnik, Arbeitswissenschaft, Psychologie und Rechtswissenschaft in einer Person mitbringen. Das gilt unabhängig davon, ob er in diesem Bereich als Ingenieur oder als Techniker arbeitet.

Für diese digitale Transformation werden auch völlig neue Berufsbilder zum Einsatz kommen. Es werden zum Beispiel Manager und Managerinnen der digitalen Transformation benötigt. Auch diese müssen Kompetenzen aus vielen Disziplinen mitbringen – Führungskompetenz, Informatik, Rechtswissenschaft und Mechatronik. Und sie müssen strategisch denken und handeln können.

Zwischen den unterschiedlichen wissenschaftlichen Disziplinen entsteht das Neue.

Die allgegenwärtige und unauffällige Präsenz von digitalen Schatten, Videowelten der realen und der simulierten Welt bis hin zu der Spielewelt im Netz, in der die heutige junge Generation aufwächst, schafft ein neues Verständnis von Wirklichkeit. Es wird zunehmend schwieriger, zwischen Realität und deren Simulation zu unterscheiden.

Wenn ich eine Brille für „Augmented Reality" aufhabe, ist dann der simulierte Schraubenzieher die relevante Wirklichkeit, weil sie meine Handlungen bestimmt und führt? Oder ist es nach wie vor meine eigene Hand, die ich wahrnehme, während meine Hand einen realen Schraubenzieher hält? Solche Arbeitsplätze mit erweiterter Realität werden attraktive neuartige Arbeitsplatzstrukturen ermöglichen.

Das Spannungsfeld zwischen Virtualität und Realität schafft ein neues Verständnis von Wirklichkeit.

Das größte neue Spannungsfeld ist jedoch die Tatsache, dass neue Objekte mit eigenem Bewusstsein diesen Planeten bevölkern. Diese neue allgegenwärtige Identität von intelligenten Gegenübern im Netz in der Gestalt von realen Gegenständen wird wohl die zukünftigen Arbeitswelten am nachdrücklichsten verändern. Wir haben ja bereits ausführlich betrachtet, wie zwischen den Menschen und den neuen KI-Objekten mit eigenem Bewusstsein ein neues Verständnis von Partnerschaft – eine Hybride Intelligenz – entstehen kann.

Wie schnell wird das alles vorangehen?

Einschlägige Studien zeigen, dass KI-Systeme in allen Ausprägungen zumindest in der industriellen Praxis eingesetzt werden. Während Systeme mit schwacher Künstlicher Intelligenz, wie zum Beispiel regelbasierte Systeme, schon die Regel sind, findet man KI-Systeme mit starker Künstlicher Intelligenz (Teach-in kombiniert mit Reinforcement Learning) noch selten. Alle Prognosen gehen aber davon aus, dass bis 2035 Systeme der starken Künstlichen Intelligenz mit hohem Reife- und Verbreitungsgrad eingeführt sein werden. Und damit wird ein signifikanter Stand von Bewusstsein solcher Systeme erreicht werden. Wenn diese dann noch anfangen, weltweit miteinander zu denken, sind erste Formen eines globalen Bewusstseins in einem Netzwerk von KI-Maschinen denkbar. Bis dahin vergeht also nicht mehr viel Zeit.

Sowohl Reife- als auch Durchdringungsgrad von Systemen der Künstlichen Intelligenz werden bis zum Jahre 2035, also in den nächsten 15 Jahren, dramatisch wachsen.[1]

[1] Interne Studie des Cybernetics Lab der RWTH Aachen, 2015.

Was aber passiert mit den Arbeitsplätzen?
Dabei werden ganze Berufsgruppen verschwinden, aber auch völlig neue entstehen – und das auf allen Kompetenzebenen.

Zunächst einmal stehen *einfache Bürojobs* unter massivem Druck, weil viele Tätigkeiten, die mit der Aggregation von Daten und Zahlen zu tun haben, entfallen werden. Dies wird sich zum Beispiel im Bereich der Banken dramatisch auswirken. Gleichzeitig wird der Bedarf an Mitarbeitern steigen, die die durch KI-Systeme produzierten Daten, Zahlenauswertungen und Dokumente interpretieren, bewerten und kommentieren können.

Aber auch *hochqualifizierte Jobs* sind in einigen Feldern betroffen. So ist seit wenigen Jahren Hautkrebs mit einer Analyse durch ein KI-System besser zu diagnostizieren als durch Labore und Ärzte. Mit einer einfachen App wird das bald jeder selber machen können. Ähnliches gilt für die Arbeit der Dokumentenerstellung bei Notariaten oder Beratungsgesellschaften, die ihre Aufträge für die Auswertung von Daten bekommen.

Plattformtechnologien werden im dezentralen Bereich komplexe administrative Aufgaben übernehmen. So können zum Beispiel viele operative Controlling-Aufgaben von KI-Technologien übernommen werden, die mithilfe solcher Plattformtechnologien Daten sammeln, auswerten, bewerten und zu geschriebenen Berichten zusammenfassen, ähnlich wie Teile eines Berichts einer Wirtschaftsprüfungsgesellschaft.

Die Jobs von Arbeitskräften in der *Logistik* und in der *Produktion* werden sich massiv verändern. Viele werden in bestimmten Bereichen entfallen – man denke nur an kleine vollautomatische Busse in Städten, die Busfahrer ersetzen. Aber viele neue Tätigkeiten in der Wartung, Reparatur und Überwachung solcher Systeme werden entstehen. Ingenieure und Techniker als „technische Ärzte“

werden massenhaft gesucht werden und sind schon heute weltweit Mangelware.

Soziale Roboter werden in der *Pflege* und im *Haushalt* Einzug halten. Sie werden fähig sein, auch komplexe Aufgaben wie den Transport von Essen in den Krankenhäusern oder als Exoskelette für Kranke, die nicht allein auf die Toilette gehen können, zu übernehmen. Pflegekräfte werden Unterstützungsroboter zum Heben von Patienten haben und psychiatrisch Kranke werden digitale Partner zur Verhaltenskontrolle und Therapie bekommen. Dadurch kann die Zahl der geschlossenen Stationen deutlich reduziert werden. Werden wir die Chance nutzen, dass durch diese Möglichkeiten wieder mehr Raum für die Mensch-zu-Mensch-Kommunikation zwischen Kranken und denen, die sie behandeln, entsteht?

Schließlich ermöglichen die virtuellen und erweiterten Umwelten die Einbindung von Menschen über große Distanzen. So kann man ohne Probleme von Europa aus bei der Inbetriebnahme einer Anlage in China dabei sein. Menschliche Präsenz ist dabei auch in Räumen möglich, die von Menschen nicht betreten werden können, wie zum Beispiel in radioaktiv verseuchten Gebäuden. Hier zeichnet sich eine Fülle neuer Arbeitsfelder ab.

> Alle Arbeitsplätze werden von der digitalen Transformation durch KI-Systeme betroffen sein. Die wesentliche Änderung der Arbeitsbedingungen ist dabei, dass Informationen und Daten überall und zu jeder Zeit – auch unter Schutz von Unternehmens- und Privatinteressen – verfügbar sind.

Als Folge davon ist für die Beschaffung von Daten und Informationen die Präsenz eines Mitarbeiters an einem bestimmten Ort zu einer bestimmten Zeit nicht mehr nötig.

Rund um den einzelnen Menschen wachsen die Zahl der miteinander verknüpften Gegenstände und der Umfang der grundsätzlich verfügbaren Daten sehr stark. Die den Menschen umgebenden ortsfesten und mobilen Gegenstände mit einem digitalen Schatten nehmen ebenfalls stark zu.

Dies alles wird die Arbeitsmodelle dramatisch verändern. Andere Formen von „Tarifverträgen" werden entstehen. Schon heute ist das Wachstum von Teilzeitstellen bei gleichzeitigem Wachstum der Zahl der parallelen Arbeitsverträge oder Leistungsvereinbarungen bezogen auf eine Person signifikant.

Der Raum für die Selbstbestimmung des Menschen wächst dadurch erheblich. Die Selbstverantwortung des Menschen aber auch.

11

Alles ist mit allem verknüpft und wird transparent

Wenn alles mit allem verknüpft ist, werden auch die Wertschöpfungsketten transparent. Die Konsequenzen wollen wir unter drei Aspekten betrachten (Henning 2018):

- Transparenz im Produktentstehungsprozess
- Transparenz in der Logistik
- Transparenz bei Dienstleistungen

Zunächst einmal ist Transparenz ja etwas Gutes, weil sie eine Rückverfolgung von Ursachen erlaubt und in jedem Moment eines Produktentstehungsprozesses, eines logistischen Prozesses und einer Dienstleistung eine aktuelle Zustandsbeschreibung erlaubt.

Alles wächst zusammen wie bei einem biologischen Körper, bei dem jeder Schmerz, jede Bewegung, jedes Empfinden dem ganzen Körper bekannt ist und nicht nur einem bestimmten Teil. Und in der Regel reagiert ein

K. Henning, *Smart und digital*,
https://doi.org/10.1007/978-3-662-59521-3_11

Körper systemisch. Der gesamte Körper reagiert potenziell auf ein Ereignis an einer bestimmten Stelle im Körper.

Wenn wir jedoch über Wertschöpfungsketten unseres wirtschaftlichen Zusammenlebens nachdenken, kann genau diese Transparenz zum Verhängnis werden. Wer hat denn dann entlang der Wertschöpfungskette die Macht? Wie sind Kontroll- und Entscheidungsmacht verteilt? Hat der Kunde alle Macht? Oder zentrale Daten-Giganten?

Produktenstehungsprozess

Betrachten wir zunächst den Produktentstehungsprozess: Im Bereich der Planung und Entwicklung wird die Hybride Intelligenz zwischen Menschen und intelligenten Maschinen eine zentrale Rolle spielen.

Vielleicht wäre es im Fall der Bahnhofsplanung „Stuttgart 21" gut gewesen, eine automatische Planungsmaschine mit Künstlicher Intelligenz parallel als weitere Arbeitsgruppe zu diesem Thema einzusetzen. Vielleicht hätte diese Maschine sachorientierter und unter Verwendung aller Daten eine Rolle als neutraler Vermittler eingenommen. Hätte man sogar die Demonstrationen vermeiden können?

Ein weiterer Aspekt ist eine integrierte Planung, in der reale und simulierte Welt zusammenfließen.

So kann die Detailplanung eines Wohngebäudes in allen Stufen parallel in der virtuellen Welt wirklichkeitsnah dargestellt werden. Man kann in virtuellen „Käfigen" und Holodecks[1] durch Gebäude laufen, die es noch gar nicht gibt.

Diese Technik kann man aber auch auf die Baudurchführung übertragen, sodass der Bauleiter in der virtuellen Welt den Baufortschritt im Detail verfolgen kann.

---

[1] https://en.wikipedia.org/wiki/Holodeck.

In der Planung und Entwicklung gibt es darüber hinaus durch KI-Maschinen die Möglichkeit des effizienten Rückwärtslernens aus Erfahrungen von früheren Produkten, Anlagen oder Bauwerken.

So können alle Schadenfälle, die weltweit zum Beispiel an einer Krananlage entstehen, virtuell „zurücklaufen", wenn die Krananlage durch ihren digitalen Schatten in der Lage ist, ihren eigenen Zustand zu beurteilen. Auf diese Weise können zum Beispiel Fragen von Überlastung oder Konstruktionsfehlern transparent beantwortet werden. Im letzteren Fall wäre es dann ein Fall für die Entwicklungsabteilung, aus den Fehlern der Vergangenheit kreativ zu lernen.

Die gesamte Kette von der Entwicklung bis zur Wartung wird intelligent.

Die entscheidende Veränderung in der Produktion wird darin bestehen, dass man alle Bewegungen in einer Fabrikhalle Punkt für Punkt im Raum abbilden kann. Wenn Menschen Datenanzüge tragen und die Maschinen mit entsprechenden Sensoren ausgestattet sind, können sich Roboter und Menschen im Raum mit viel mehr Freiheitsgraden bewegen als zurzeit.

Es kann eine dezentralisierte, flexible und nicht hierarchisch gesteuerte Aufgabenverteilung stattfinden. KI-Maschinen können dabei zum Beispiel Vorschläge für eine adaptive Maschinensteuerung machen, die zwischen Maschinen und Menschen verhandelt werden kann, wie wir das im Fall der Strickmaschine mit demokratisierter Steuerung gesehen haben.

In der Produktion entstehten eine neue Aufgabenverteilung und Steuerungsphilosophie.

Auch der Arbeitsprozess des Menschen kann neu gedacht werden, unter anderem mithilfe von Exoskeletten, die in die Arbeitsanzüge eingearbeitet sind. Schon heute gibt es in den Fabriken der Luftfahrt in Deutschland kraftverstärkte Arbeitskleidung für Überkopfarbeit. Diese Unterstützungssysteme werden inzwischen in Versuchslaboren mit intelligenten Systemen ausgestattet, die die Leistung des Menschen nicht ersetzen, sondern je nach Tagesform und Müdigkeit kraftverstärkend oder bewegungskorrigierend eingreifen.

In einem weiteren Bereich zeichnen sich neue Wege ab, nämlich bei den sogenannten Anlaufprozessen. Jeder Serienhersteller fürchtet diese Phase des Produktionsanlaufs, in dem alles theoretisch fertig sein müsste, es aber nicht ist.

Bei einem Automobilhersteller wurden vor Kurzem in einem Fahrzeug 100 Funktionen zur digitalen Kopplung des Fahrzeugs mit seiner Umwelt eingeplant. Diese betreffen sowohl die Funktionen des Fahrzeugs als auch die Unterhaltung der Insassen des Fahrzeugs. Zum Zeitpunkt des Produktionsanlaufs mussten 80 davon abgesetzt werden, weil sie nicht fertig waren. Die restlichen 20 haben noch Probleme gemacht.

In solch komplexen Anlaufprozessen sind automatisierte Testumgebungen, die als digitale Schatten die Serienproduktion vorab erproben, unersetzlich. Genau hier ist eine automatisierte Testmaschine mit eigener Intelligenz von zukunftsweisender Bedeutung.

Auch Anlaufprozesse werden mit KI-Systemen wesentlich effizienter werden.

Ähnlich gravierend sind die zu erwartenden Veränderungen im Bereich Aftersales und in der Wartung.

Schon heute erkennen viele Autokontrollsysteme den Zustand des Fahrzeugs und „entdecken" Fehler so weit, dass sie sie melden und bei gravierenden Mängeln den Weg zur nächsten Werkstatt automatisch im Navigationssystem einstellen oder das Fahrzeug in einen Notbetrieb überführen, bei dem die nicht „überlebenswichtigen" Aggregate abgeschaltet werden. Noch sind diese Systeme sehr unkomfortabel, weil sie dumme digitale Schatten darstellen. Noch können sie nicht vernünftig mit dem Nutzer reden und noch kann man nicht mit ihnen verhandeln.

Solche Systeme machen aber auch den Lebenszyklus eines Produktes transparent. So kann der Hersteller im Prinzip alle seine Produkte beim Kunden „verfolgen". Wenn die Produkte eine eigene Intelligenz haben, also ihren eigenen digitalen Schatten als Teil des Produkts „mittragen", braucht man für die Kommunikation auch keine Daten-Schnittstelle zum Kunden, sondern koppelt diesen Software-Agenten direkt mit dem eigenen Firmennetz.

Wenn das Produkt weiß, was mit ihm los ist, weiß es auch, wann es in die Wartung muss.

Natürlich tun sich bei diesem Thema eine Fülle von ungeklärten rechtlichen Fragen auf – zu dieser Dimension werden wir später kommen.

Für den jeweiligen Kunden ist das aber auch von enormem Vorteil. Nehmen wir einmal an, dass bei einer softwaregesteuerten Komponente (beispielsweise eine Pumpe, ein Ventil oder ein Kompressor) ein plötzlicher Stillstand erfolgt, weil die Abtastfrequenzen in der Datenübermittlung zum Hauptgerät gestört sind und dadurch die Komponente nicht mehr funktioniert (Heide 2004). Der Fehler kann katastrophale Folgen haben, wenn es nicht gelingt, die Anlage in einen Betriebszustand zu fahren, der zum Beispiel eine Überhitzung verhindert.

Eine solche Alarmmeldung könnte auch bei einem KI-System des Herstellers einlaufen, in dem alle ausgelieferten und weltweit von dieser Firma installierten Komponenten überwacht werden. Das könnten zum Beispiel mehrere Millionen Installationen sein. Diese mit der Near-Orbit-Satelliten-Technik zu verknüpfen, wäre kein Problem. Auf diese Weise würden die Millionen installierten Steuerungskomponenten zu einer weltweiten Lerngemeinschaft. Das zentrale KI-System könnte dann in Hybrider Intelligenz mit den Software-Entwicklern ein neues Software-Update entwickeln. Dieses würde dann aber nicht auf einmal auf die Millionen Komponenten aufgespielt, sondern erst einmal in einem Feldtest mit einigen 100 Komponenten erprobt, bevor das Roll-out des neuen Software-Updates weltweit erfolgt.

> Die Möglichkeiten, sich im weltweiten Markt mit KI-gestützten Speziallösungen zu etablieren, sind nahezu unbegrenzt. Hier kann Deutschland seine besonderen Kompetenzen nutzen (Merkel 2012).

Logistik

Ähnlich wie in der Produktion sind die Konsequenzen für die Logistik. Diese Ansätze werden mit dem Begriff „Logistics as a Service" (LaaS) gehandelt. Dahinter stecken wieder Plattformtechnologien, die es ermöglichen, dass jede Tätigkeit in der Kette – von der Disposition über

Auslieferung, Status während des Transports, erwartete Lieferzeit – vollständig transparent wird.

Der Kunde wird dadurch immer mächtiger. Dies umso mehr, da die Generation, die in der digitalen Welt aufgewachsen ist, für viele Bestellvorgänge nur noch das Netz kennt.

Das sogenannte B2B-Geschäft[2] – die Geschäftsverbindung zwischen mehreren Unternehmen, die Produkte weiterleiten – geht mehr und mehr in Richtung B2C-Geschäft, also eine Geschäftsverbindung zwischen Hersteller und Endkunden in einem Schritt. Gleichzeitig sind Plattformanbieter wie Uber, Airbnb und Booking.com sehr erfolgreich. So könnte ich bei einer Autobestellung einfach nur noch sagen, welche Eigenschaften und welche Ausstattung ich haben will, und mir wird dann unabhängig vom Anbieter über eine Plattform ein Auto angeboten. Solche Plattformen nehmen immer mehr die Rolle des Direktkontakts zum Endkunden ein, wodurch der jeweilige Anbieter den Kontakt zum Kunden verliert.

In der Logistik ist die direkte weltweite Verfolgung aller Prozesse durch den Kunden möglich. Dem Zwischenhandel geht es durch KI-Systeme an den Kragen.

Dieser Ansatz verunsichert zunehmend auch Autohändler, weil erste Hersteller bereits angefangen haben, ihre Autos direkt über das Netz zu verkaufen. Der Zwischenhändler Autoniederlassung wird dann übersprungen.

Die kundenorientierte Spezialkommunikation ist dabei ein wichtiger Schlüssel und die traditionelle Unternehmenskommunikation verliert an Bedeutung. Andererseits

---

[2]B2B steht für „Business to Business“ und B2C steht für „Business to Costumer“.

wird vertrauensvolle Kommunikation überlebensnotwendig, wenn die Grenzen zwischen Marketing, Verkauf und Kundendienst immer mehr verschwimmen.

Natürlich kommt nicht alles aus dem Netz. Aber vieles. So ist es keine Zukunftsmusik mehr, dass ich einen neuen Wasserhahn im Netz bestelle und als Lieferung die Daten erhalten, die ich brauche, damit ich den Wasserhahn in meiner Werkstatt in 3D drucken lassen kann. 3D-Druck ist eine Technik, mit der ich dreidimensionale Lagen aus einem polymeren Werkstoff – also einer formbaren Paste – schichtweise drucken lassen kann. So ähnlich wie ein Kopierer, allerdings für räumliche Gebilde. Das ist keine Zukunftsmusik, sondern Stand der Technik von heute.

Dienstleistungen

Die *Dienstleistungen* der Zukunft kommen gewissermaßen aus der Hosentasche. Das Smartphone wird zu dem zentralen Kontaktpunkt für alle Informationen. Alles, was mit Verkauf, Maklertätigkeit, Reisebüros, Touristenführung usw. zu tun hat, verliert seine monopolistische Bedeutung. Oft sind die Kunden mit Smartphone-Zugängen viel besser informiert als die Mitarbeiter in Büros der klassischen Dienstleistungsunternehmen. Diese verlieren zunehmend ihre Geschäftsmodelle.

Die Experten verlieren ihre Informationsmacht.

Das stellt auch das Versicherungsgeschäft auf den Kopf. Die Versicherung „on demand", also wenn ich es gerade brauche, hat Hochkonjunktur. Da will ich einfach drei Tage einer Bergtour mit Bergführer versichern. Kein Problem – in fünf Minuten im Netz ist das Problem erledigt. Da will ich versichern, dass ich vielleicht meinen Flug bei einem Festpreis ohne Rückerstattung verpasse. Kein Problem, das sind nur drei Klicks.

Für die Versicherungsgesellschaften selbst bedeutet das aber, dass völlig neue interne Strukturen der Abwicklung geschaffen werden müssen. Und es braucht neue Risikoberechnungen. Ganze Bereiche entfallen und neue müssen geschaffen werden. Versicherungen werden dabei zunehmend kurzfristig „nach Bedarf" im Netz gebucht.

Es entsteht eine neue Welt der Versicherungen.

Ähnlich können Unternehmen, die die Blitzer-Säulen am Straßenrand bauen, anbieten, die Gesichtserkennung gleich selbst durchzuführen und daraus den Führerschein zu ermitteln. Sekunden später könnte im Display des Fahrzeugs der Überweisungsbeleg erscheinen, den ich dann nur noch freischalten muss. So wie ich es bereits in meinen Vorlesungen zur Kybernetik 1985 dargestellt habe. Das ist in unserem Land derzeit nicht denkbar. Aber – wie bereits beschrieben – ist in China die Erfassung der Verkehrsübertretungen durch KI-Systeme in vielen Städten eingeführt und Teil eines staatsweiten Bonus-Malus-Systems.

Mit einem abschließenden Beispiel möchte die ganze Kette der intelligenten Verknüpfungen zwischen Bestellung und Nutzung der bestellten Ware noch einmal auf den Punkt bringen:

Es fehlen nicht mehr viele Schritte, bis die Vision realisiert ist, dass ich einen Sportschuh bestelle, der mit dem Moment der Bestellung eine eigene Identität hat. Der Schuh weiß nach meinem Bestellklick, wer ich bin, wo ich wohne und welche speziellen Funktionalitäten er mitbringen soll. So könnte ich zum Beispiel meinen Puls oder die Schrittzahl oder die Aufprallkräfte meines Fußes überwachen lassen.

Der virtuelle Schuh ist der digitale Schatten des realen Schuhs und weiß aufgrund meiner Bestellung auch, wie der reale Schuh aussehen soll und welche mechanischen Eigenschaften er haben muss.

Der Auftrag erreicht die Fabrik, wo laufend neue virtuelle Schuhe durch Bestellungen einlaufen, die nun ohne zentrale Steuerung ihren Weg durch die Produktion suchen. Vergleichbar mit einem Vogelschwarm von 1000 Vögeln, die alle an einem Futtertrog vorbei wollen. So werden die virtuellen Schuhe nach und nach ihren realen „Zwilling" entstehen lassen. Dazu müssen sie sich mit allen anderen eingelaufenen Bestellungen darüber abstimmen, wer wann welchen Produktionsschritt in Anspruch nimmt. Aber das funktioniert eben ohne zentrale Steuerung, da jeder virtuelle Schuh über genügend Intelligenz verfügt, sich mit den anderen Schuhen abzustimmen. So wie das eben Vögel machen, die alle an den einen Futtertrog wollen.

Ist der reale Schuh als Zwilling des virtuellen Schuhs fertig, bekommt der reale noch eine „Embedded Intelligence", also eine eingebettete Intelligenz, mit Sensor und Software-Agenten im physikalischen Schuh, mit denen der Kontakt des reales Schuhs zu seiner Umwelt dauerhaft hergestellt wird, also auch zu seinem digitalen Zwilling, dem virtuellen Schuh.

Der Kunde erhält nun beides – den virtuellen und den realen Schuh. Er kann dann entscheiden, ob der virtuelle Schuh mit dem Lieferanten gekoppelt bleibt oder ob er eine Kopplung mit seinen anderen Schuhen, mit den Schuhen anderer Menschen oder mit einem orthopädischen Arzt vornehmen will, der die angesammelten Daten vergleichend analysiert.

Jedenfalls macht sich der reale Schuh dann auf die Reise und könnte auf KI-Transport-Paletten-Fahrzeugen vollautomatisch in den bereitgestellten Lkw fahren. Und der

Lkw könnte dann vollautomatisch an sein Ziel, zum Beispiel zu einem Logistikknoten, fahren.

Der reale Schuh liegt dann verpackt in dem Logistikknoten und könnte aufgrund seines geringen Gewichts mit einer Paketdrohne direkt vor meine Haustür geflogen werden.

Dieses Szenario ist heute schon in den meisten seiner Elemente realisiert. Es fehlt noch die Durchgängigkeit in der gesamten Wertschöpfungskette. Aber das ist nur noch eine Frage von Jahren.

> Viele Produkte werden in Zukunft von selbst zur mir kommen.

Die Dienstleistungen werden also immer komplexer und vielfältiger. Viele dieser Dienstleistungsmodelle wären ohne die digitalen Netze und integrierte KI-Prozesse überhaupt nicht denkbar. Vieles wird dabei vollautomatisch generiert. Dazu gehören Trendanalysen. So kann man sich problemlos anzeigen lassen, wann die beste Zeit zum Besuch eines Fitnessstudios, eines Supermarkts oder eines Restaurants ist. Mit einem Klick sieht man die Besucherstatistik in Abhängigkeit von der Zeit. Auch das Anfertigen von Bildern und Präsentationen, die dann bei Bedarf von Menschen noch nachbearbeitet werden, ist mit hohem Automatisierungsgrad möglich.

Der gesamte Kommunikationsaufbau zwischen Auftraggeber und Lieferant erfolgt immer häufiger nur über das Netz – Kunde und Lieferant begegnen sich nicht mehr. Umso wichtiger wird es dabei, dass in den Fällen, in denen der Kunde ein persönliches Gespräch wünscht, das auch möglich ist. Spätestens bei Beschwerden und Liefermängeln und in der Wartung muss eine direkte

Kommunikation von Mensch zu Mensch effizient erfolgen können, wenn der Kunde das wünscht.

Fassen wir zusammen:

- Daten und Informationen über alles sind überall und zu jeder Zeit verfügbar.
- Um an Daten und Informationen zu kommen, ist eine physikalische Präsenz an einem bestimmten Ort zu einer bestimmten Zeit immer weniger notwendig.
- Die Wertschöpfungsketten der Produkterstellung, der Logistik und der Dienstleistungen werden damit in allen Elementen, an allen Orten im großen Ganzen und vielen kleinen Details von intelligenten digitalen Schatten durchzogen sein.
- Neben den vollautomatischen Kommunikationsketten ist es ein Wettbewerbsvorteil, wenn es im Sinne einer Hybriden Intelligenz parallele Kommunikationskanäle für die direkte Mensch-zu-Mensch Kommunikation gibt.

Literatur

Henning, K. (20. Februar 2018) Künstliche Intelligenz in der Industrie. Chancen für KMU's. Vortrag: Allianz Industrie 4.0 Baden-Württemberg. https://www.stuttgart.ihk24.de/blob/sihk24/Fuer-Unternehmen/innovation/downloads/3991892/4641c6edee365a0c72d9040cff97932a/Praesentation-Vortrag-Prof--Dr--Ing--Klaus-Henning-data.pdf.

Heide, A. (2004). *Ursachenanalyse und Bewertung der Verantwortung bei Funktionsstörungen von softwaregesteuerten Komponenten im Maschinenbau.* Düsseldorf: VDI-Verlag.

Merkel, A. (Hrsg.). (2012). *Dialog über Deutschlands Zukunft.* Hamburg: Murmann.

12

Die ethischen und rechtlichen Aspekte des Transformationsprozesses

Die digitalen Schatten werden in erheblichem Umfang im Kleinen und im Großen alle Wertschöpfungsprozesse von Produkten und Dienstleistungen durchdringen. In 15 bis 30 Jahren werden diese KI-Systeme mit hoher Verbreitung und mit hohem Reifegrad weite Bereiche der Industrie, des öffentlichen und des privaten Lebens prägen. Dies wird die Art und Weise unseres Denkens und Handelns grundlegend verändern. Kompetenzentwicklung, Bildungswege, Rechtssysteme und öffentliche Ordnungssysteme müssen neu durchdacht werden. Moralische und ethische Fragen sind zu klären.

Künstliche Intelligenz wird dabei eine Fülle von Arbeitsprozessen übernehmen. Das gilt auch für öffentliche Verwaltungen, Rechtanwaltskanzleien, Richter und Notare.

Das Erstellen von neuen Dokumenten aus bestehenden alten oder das Heraussuchen von Urteilen, die im Zusammenhang mit einem rechtlichen Problem stehen, ist

K. Henning, *Smart und digital*,
https://doi.org/10.1007/978-3-662-59521-3_12

für ein entsprechend trainiertes KI-System kein Problem. Das KI-System trägt aber damit auch zunehmend eigene Verantwortung für das, was es tut.

> Die KI-Maschine wird das juristische Vertragsdokument in vielen Fällen vorbereiten können.

Aus den vielen Anwendungsbeispielen von KI-Systemen – autonom fahrende Autos, autonome Gabelstapler und Pflegeroboter – ergeben sich viele neue Fragen für Versicherungen, Gesetze und Ethik.

So ist es für einen „Demenzroboter" kein Problem, ein sinnvoller digitaler Schatten in den Räumen seines dementen Partners zu sein. Er wird als Roboter wie ein Hund seinen zu betreuenden dementen Menschen begleiten und es wird ihn nicht verdrießen, 50 Mal das Gleiche zu sagen. Ja, er wird sich auch durch das „Weltbild" seines Patienten in seinem Verhalten an den Grad der Demenz anpassen, wird den Patienten mit Fragen trainieren, aber vor allem dafür sorgen, dass die schwindende Gedächtnisleistung durch sein eigenes „Gehirn" in Teilen ersetzt wird. Der demente Mensch erfährt dadurch eine Art Erweiterung seines eigenen Gehirns und kann Defizite dadurch kompensieren.

> Der Demenzroboter kann eine Geduld haben, zu der wir Menschen nicht fähig sind.

Meine verstorbene Schwiegermutter hätte so etwas mit Begeisterung genutzt. Sie lebte allein in einem Haus und hatte sich zur Bekämpfung ihrer Demenz angewöhnt, alles, was ihr einfiel, auf Klebezettel zu schreiben und irgendwo an die Wand der Wohnung zu hängen. Die ganze Wohnung war voll mit Zetteln wie „Heute Abend die Türe abschließen"; „Ich will meine Schwester anrufen"; „Ist die Herdplatte aus?"; „Habe ich die Haustüre abgeschlossen?". Es wäre für einen Demenzroboter ein Leichtes, all diese Zettel zu verwalten. Das „Schreiben" der Zettel würde durch Spracheingabe erfolgen und der Demenzroboter würde abends immer wieder fragen: „Hast du die Haustür abgeschlossen?" Wenn das trotz wiederholter Aufforderung nicht klappt, könnte er in diesem Fall auch die Türe selbst abschließen. Und falls er technisch nicht in der Lage wäre, die heiße Herdplatte abzuschalten, könnte er den Nachbarn anrufen.

Das wirft aber Fragen nach der „Persönlichkeit" des KI-Systems und der Verantwortung für Fehlverhalten und Unfälle, die das KI-System verursacht, auf. Wer übernimmt die Haftung im Fehlerfall?

Die Maschine wird zur Rechtsperson

Bei einem Unfall mit einem vollautomatischen Fahrzeug eines Taxiunternehmens wurde ein Radfahrer überfahren.[1] Das Fahrzeug hatte zur Sicherheit noch einen Fahrer, der die Fahrt überwachen sollte. Der Radfahrer starb an den Folgen des Unfalls. Im Gerichtsverfahren wurde der Fahrer freigesprochen, weil die Kameras des Fahrzeugs nachweisen konnten, dass der Fahrer keine Chance hatte, den Radfahrer zu sehen.

Und das Fahrzeug? War es ein Design-Fehler? War vielleicht die Kamera, die den Radfahrer entdeckt hatte, gar nicht Teil des KI-Systems des Fahrzeugs, sondern ein „digitaler Depp", der nur Bilder macht? In diesem Fall wäre es eine Frage der Herstellerhaftung. Die generelle

[1]Schmidt, Herbie: Den Uber-Unfall hätte auch ein Fahrer kaum verhindern können. In nzz.ch. https://www.nzz.ch/mobilitaet/auto-mobil/den-uber-unfall-haette-auch-ein-fahrer-kaum-verhindern-koennen-ld.1367618.

Frage lautet: Wann haftet das Fahrzeug für sein Fehlverhalten?

Wenn aber die Kamerasysteme Teil des integralen KI-Systems des Fahrzeugs sind, das die Verantwortung für alle Fahrsituationen und Fahrzustände hat, dann muss das Fahrzeug haften. Dann braucht es auch eine eigene Versicherung.[2] Der Entwickler hat keine Chance, alle Situationen, in denen eine intelligente KI-Maschine handeln muss, vorherzusehen und die zu erwartende Handlung zu bestimmen. Es ist ja gerade Sinn einer intelligenten KI-Maschine, dass sie selbst denkt und in eigener Verantwortung handelt. Also muss sie auch eine eigene Rechtsperson werden. Also gilt es, Rechtsordnungen national und international neu zu gestalten.

Aus autonomen Autos, Gabelstaplern und Pflegerobotern ergeben sich neue Fragen für Versicherungen, Gesetze und Ethik. Intelligente Maschinen mit eigenem Bewusstsein müssen dabei eigene Rechtspersonen mit entsprechenden Gesetzen werden.

Das gilt auch für das viel diskutierte Unfall-Dilemma. Die erdachte Unfallsituation sieht folgendermaßen aus: Ein KI-gesteuertes vollautomatisches Fahrzeug kommt in eine kritische Situation, in der es nur noch entscheiden kann, eine 80-jährige Person oder ein sechsjähriges Kind umzufahren. Was soll es tun?

Das Entscheidende an dieser Situation ist, dass der Mensch in solchen Situationen von Sekundenbruchteilen

---

[2]Wildemann, Horst: Die Grenzen der Künstlichen Intelligenz. In: welt.de. https://www.welt.de/wirtschaft/bilanz/article188571271/Maschinelles-Lernen-Die-Grenzen-kuenstlicher-Intelligenz.html.

unter Schock steht und in den meisten Fällen nicht dafür zur Verantwortung gezogen werden kann, dass er das Kind umgefahren hat, um den 80-jährigen Menschen zu retten.

Im Falle der KI-Maschine stellt sich aber die ethische (und rechtliche) Frage der Entscheidung, weil das KI-System nicht unter Schock stehen wird. Und wenn es von seiner Reaktionsgeschwindigkeit handlungsfähig ist, dann ist es auch für seine Entscheidung verantwortlich. Aber welche Ethik und welchen rechtlichen Maßstab geben wir der KI-Maschine bei ihrer „Fahrschule" mit?

> Es gibt eine Fülle von ethischen und rechtlichen Fragen, die sich auf Handlungen beziehen, über die der Mensch gar nicht entscheiden kann, weil er dazu nicht fähig ist.

Die Tatsache, dass wir mit KI-Systemen Dinge beobachten können, zu denen wir als Menschen nicht in der Lage sind, hat aber noch weitergehende Konsequenzen.

Ähnlich wie bei dem Problem der nicht reproduzierbaren Schweißnähte (vgl. Kap. 3) können wir mit KI-Agorithmen mit sehr hoher Wahrscheinlichkeit bevorstehende Verbrechen prognostizieren, um damit eine präventive Einbruchsdiagnostik durchzuführen. Damit stellt sich aber die Frage, ob nicht schon die Absicht eines Verbrechens bestraft werden muss.

Diese Frage hat natürlich schon immer bei rechtlichen Beurteilungen eine Rolle gespielt. Aber das Ausmaß und die Genauigkeit einer solchen Verbrechensprognose erreichen durch KI-Systeme eine ganz andere Dimension. Als Folge davon muss die Frage des proaktiven Polizeieinsatzes rechtlich neu geklärt werden.

Für den proaktiven Polizeieinsatz können auch KI-Agenten eingesetzt werden. Muss dann schon die Absicht eines Verbrechens bestraft werden?

Es wird dabei viele Fälle geben, in denen es sinnvoll ist, anstelle des realen Polizisten oder Kriminalbeamten einen digitalen „Kriminalschatten", also einen KI-Kriminalagenten einzusetzen. Aber auch dieser wird eine eigene Rechtsperson werden müssen. Auch hier wird es zu einer Hybriden Intelligenz von menschlichem und KI-Kriminalagenten kommen.

Diese Beispiele machen deutlich, dass langfristig kein Weg daran vorbeigeht, dass KI-Algorithmen ethische Standards brauchen. Diese müssen aber auch international vereinbart werden.

Welche ethischen Standards wollen wir?

Das in China eingeführte Ordnungssystem mit Bonus- und Malus-Punkten für richtiges beziehungsweise falsches Verhalten in der Öffentlichkeit wird wahrscheinlich nicht der europäische Weg werden. Aber sicher werden wir zum Beispiel die Art unserer Verkehrsüberwachung grundlegend überdenken müssen.

In Deutschland ist dieses Thema seit Herbst 2018 ein nationales Thema. Das Eckpunkte-Papier der Bundesregierung zu Künstlicher Intelligenz sagt sinngemäß unter anderem:[3]

- Es gilt, eine verantwortungsvolle und gemeinwohlorientierte Nutzung von Künstlicher Intelligenz in Zusammenarbeit mit Wissenschaft, Wirtschaft, Staat und der Zivilgesellschaft voranzubringen.

---

[3]https://www.ki-strategie-deutschland.de/home.html.

- Wir brauchen eine europäische Antwort auf datenbasierte Geschäftsmodelle und müssen neue Wege der datenbasierten Wertschöpfung finden, die unserer Wirtschafts-, Werte- und Sozialstruktur entspricht.
- Der Nutzen von Künstlicher Intelligenz für den Menschen muss im Mittelpunkt stehen – sowohl auf der persönlichen, individuellen als auch auf der gesellschaftlichen Ebene.
- Es muss geprüft werden, ob ethische und rechtliche Grenzen der Nutzung Künstlicher Intelligenz passen und ob der Ordnungsrahmen für ein hohes Maß an Rechtssicherheit weiterentwickelt werden muss.

Ähnliches sagt der amerikanische nationale Strategieplan Künstliche Intelligenz für die Weiterentwicklung der Systeme der Künstlichen Intelligenz, unter anderem:[4]

- Es gilt, beste Methoden für die Kollaboration zwischen Menschen und KI-Systemen zu entwickeln.
- Zudem gilt es, die ethischen, rechtlichen und sozialen Implikationen zu verstehen und zu adressieren.

Und das Europäische Parlament fordert in einem Bericht vom Februar 2017 dazu auf, langfristig „einen speziellen legalen Status für die autonomsten Roboter als ‚elektrische Personen' zu schaffen", um sie vom Menschen zu differenzieren (Spiegel Online o.V.).

Die Diskussion ist also in vollem Gange. Und das ist gut so. Denn neue Rechtssysteme und neue gesellschaftliche Ordnungssysteme entstehen nicht von heute auf

[4]Whitehouse.gov, 10.05.2018: Summary of the 2018 White House summit on artificial intelligence for American industry. https://www.whitehouse.gov/wp-content/uploads/2018/05/Summary-Report-of-White-House-AI-Summit.pdf.

morgen. Ähnlich wie bei der Diskussion um Gentechnik braucht ein solcher Prozess Zeit. Diese Zeit haben wir auch noch. Aber nicht mehr lange. Mehr als 15 bis 30 Jahre werden es nicht sein.

> Die politischen Ordnungssysteme müssen unter dem Einfluss von KI-Systemen mit eigenem Bewusstsein neu gestaltet werden.

Es ist heute erst der Anfang der inversen Gutenberg-Revolution. Damals vor fast 600 Jahren hat es beinahe 200 Jahre gedauert, bis nach der „Revolution der Vernunft" wieder eine relative Stabilität in das europäische Ordnungssystem kam. Dieses Mal betrifft es die ganze Welt; es geht noch schneller als damals – und 30 Jahre von der Erfindung des Bruchdrucks bis zur allgemeinen Lesefähigkeit war für die damalige Zeit ein „disruptiver Schock".

Dabei werden wir eine neue Kultur der Grenzen entwickeln müssen. Meine Generation war damit beschäftigt, Grenzen zu überwinden und Grenzen abzuschaffen. Sogar die Grenzen des Eisernen Vorhangs sind gefallen und die Mauer in Berlin ist Geschichte geworden.

Wir merken aber, dass der Ansatz der Grenzenlosigkeit an seine Grenzen stößt. Die hohe weltweite Transparenz von Daten hat zum Beispiel die Kommunikation unter Menschen so verbessert, dass Schlepperbanden Flüchtlingsströme im Netz optimieren können. Es können aber auch die besten Fluchtwege, Grenzübergänge und Wetterdaten auf dem Fluchtweg leicht ermittelt werden. Ohne eine solche Vernetzung durch Smartphones und soziale Netzwerke wäre die Massenflucht nach Europa in den Jahren 2014 bis 2016 nicht möglich gewesen. Ähnliches gilt für die Flüchtlingsströme von Süd- nach Nordamerika.

Der Wert einer Grenze zum angemessenen Schutz von Menschen und nationaler oder regionaler Identität muss neu entdeckt werden. Wie neue sinnvolle Grenzen im Zeitalter der digitalen Transformation mit Künstlicher Intelligenz aussehen, wissen wir in den meisten Bereichen noch nicht.

Wenn dies aber nicht gelingt, wird die Zahl der physikalischen Grenzen zum Schutz oder zur Abwehr von Menschen weltweit wieder wachsen – und das ist sicher nicht die angemessene Antwort auf die weltweite Transparenz von Daten und Prozessen.

Die Diskussion um die ethischen Maßstäbe für Künstliche Intelligenz ist voll im Gange.[5] Begriffe wie Robokalypse machen die Runde. Vom Fluch und Segen der Künstlichen Intelligenz ist die Rede. Während die einen die Roboterfabriken im Weltall planen (Pressfrom o.V.), warnen die anderen vor einem totalitären Überwachungsstaat[6] und einem tödlichen Wettrüsten mit automatischen Waffen. Es gibt aber auch weltweite Initiativen, die sich dafür einsetzen, dass Künstliche Intelligenz dem Wohl der Menschen dient.[7]

Es bleiben viele Fragen offen. Wie sieht denn eine Künstliche Intelligenz aus, die eine Rechtsperson ist? Wie kann ich Normen und Werte vermitteln, wenn die Einflussfaktoren für solche Systeme nicht bekannt sind? Im Umgang mit Künstlicher Intelligenz fehlen uns noch die Konzepte, wie wir diese regulieren können.

Aber das derzeitige Bewertungssystem für Likes und Klicks, bei dem die Gleichgesinnten im Netz in Minutenschnelle weltweite Mehrheiten gewinnen können, ist

---

[5]Das Erste, 15.04.2020: Paradies oder Robokalypse? Fluch und Segen der Künstlichen Intelligenz. https://www.daserste.de/information/reportage-dokumentation/dokus/sendung/paradies-oder-robokalypse-106.html.

[6]https://en.wikipedia.org/wiki/Max_Tegmark.

[7]https://openai.com.

sicher kein zukunftsweisendes Konzept. Ranga Yogeshwar argumentiert, dass die dadurch entstehenden „Filterblasen“ Gift für eine demokratische Gesellschaft seien.[8]

Vielleicht sollten wir uns als Erstes auf Isaac Asimov rückbesinnen, der schon 1942 „Grundregeln“ für den Einsatz von Robotern gefordert hat (Asimov 1982):

1. Ein Roboter darf kein menschliches Wesen (wissentlich) verletzen oder durch Untätigkeit (wissentlich) zulassen, dass einem menschlichen Wesen Schaden zugefügt wird.
2. Ein Roboter muss den ihm von einem Menschen gegebenen Befehlen gehorchen – es sei denn, ein solcher Befehl würde mit Regel eins kollidieren.
3. Ein Roboter muss seine Existenz beschützen, solange dieser Schutz nicht mit Regel eins oder zwei kollidiert.

Wir sollten es aber besser machen als unsere Vorfahren und den durch Künstliche Intelligenz ausgelösten Veränderungsprozess proaktiv werteorientiert gestalten, bevor es andere verantwortungslos tun.

Literatur

Asimov, I. (1982). *Meine Freunde, die Roboter.* München: Heyne.

Pressfrom. (o.V.). Dieses Start-up plant eine Roboterfabrik im Weltall, 20. Januar 2018. https://pressfrom.info/de/nachrichten/wissen-technik/-88501-dieses-start-up-plant-eine-roboterfabrik-im-weltall.html.

[8]Das Erste, 08.04.2019. Der große Umbruch. Wie künstliche Intelligenz unser Leben verändert. https://www.daserste.de/information/reportage-dokumentation/dokus/sendung/der-grosse-umbruch-108.html.

Spiegel Online. (o.V.) Künstliche Intelligenz Warum das EU-Parlament Gesetze für Roboter fordert. In: spiegel.de. https://www.spiegel.de/netzwelt/netzpolitik/kuenstliche-intelligenz-eu-parlament-fordert-regeln-fuer-roboter-technologie-a-1134949.html.

13

Leitlinien für die erforderliche Neugestaltung unserer Ordnungssysteme in Industrie und Gesellschaft

Wir haben die Chancen und Risiken gesehen, die sich hier und heute und in naher Zukunft aus dem weltweiten Einsatz von KI-Systemen mit eigenem Bewusstsein ergeben. Die meisten dieser Entwicklungen sind unaufhaltsam, mindestens so unaufhaltsam wie die Umwälzungen des Lebens der Menschen durch den Massenbuchdruck vor 600 Jahren.

Wir haben gesehen, dass es sich um eine einzigartige Chance handelt, alle Bereiche unseres Lebens und Arbeitens im privaten, beruflichen und gesellschaftlichen Bereich von Grund auf neu zu gestalten. Es kann aber auch misslingen, nämlich dann, wenn wir zu spät sind und die weltweite Dynamik durch andere vorgegeben wird. Gesellschaften oder Gruppen von Menschen könnten mit einem anderen Weltbild und einem anderen Werteverständnis an die Frage der Verwendung von Künstlicher Intelligenz herangehen. Es ist offensichtlich, dass Künstliche Intelligenz und digitale Transformation

K. Henning, *Smart und digital*,
https://doi.org/10.1007/978-3-662-59521-3_13

eine Chance darstellt, die es verantwortlich zu gestalten gilt. Was sollen wir nun tun?

Die Macht des Gestaltens

> Es geht darum, dass wir den Mut zur Macht des Gestaltens zurückgewinnen.

Dazu habe ich mit einem befreundeten 16-jährigen Schüler eine gute Erfahrung gemacht (Roth 2019). Er sollte eine Arbeit über die Neuroevolution von Software-Programmen mit Künstlicher Intelligenz schreiben. Die Arbeit sollte in drei Wochen abgegeben werden. Also beschloss er, als Grundlage seiner Arbeit eine kleine Maschine zu bauen. Diese sollte eine eigene Intelligenz erzeugen und so programmierte er sich ein kleines „AlphaGo Zero", also eine Spielmaschine, die nur die Regeln erhält und alles andere selbst lernen muss. Und natürlich stattete er sein Programm mit einem einfachen neuronalen Netz aus, wie man das schon in den Lehrbüchern von vor 30 Jahren finden konnte.

Als Basis nahm er 14 Panzer, die jeweils zu zweit in einen Wettbewerb darüber treten, wer erscheinende Ziele besser trifft. Nach den ersten zwei kommen die nächsten zwei dran usw., also jeder gegen jeden immer der Reihe nach. Und nach einem Durchgang kommt der nächste Durchgang des Lernens, die sogenannte nächste Generation des Lernzyklus. Während er seine Arbeit schrieb, arbeitete der kleine KI-Automat Tag und Nacht auf seinem Notebook vor sich hin, weil das Notebook zwar leistungsfähig war, sich aber für diese Aufgabe als etwas überfordert erwies.

Als die Arbeit fertig geschrieben war, war auch der Lernprozess des kleinen Automaten so weit, dass der Schüler zeigen konnte, dass die KI-Maschine tatsächlich gelernt hatte sich zu entwickeln, allein durch Versuch und Irrtum, also mit Reinforcement Learning, dem reformpädagogischen Ansatz.

Er lernte auch, dass es entscheidend ist, am Anfang die richtigen Regeln zu setzen, und wie empfindlich die Aktivierungsfunktionen sind, mit denen in den künstlichen „Neuronen" festgelegt wird, nach welchen Kriterien eine Ausrichtung auf die Ziele des Spiels erfolgen soll. Dazu wandte er im Programm das Prinzip von Mutation und Selektion an, musste aber mehrfach von vorne starten, weil die Rahmenbedingungen so waren, dass sich das Spiel nicht entwickeln konnte und sich beispielsweise alle Panzer vor lauter Suchen im Kreis drehten und sonst nichts mehr.

Wir diskutierten darüber und er meinte, dass die Belohnungsfunktionen für das System vergleichbar wären mit den zehn Geboten der Bibel, die als Regeln den Menschen helfen sollten, sich zu entwickeln.

Ich staunte nicht wenig. Ich staunte aber noch mehr, als ich erfuhr, dass der zugehörige Informatik-Lehrer, bei dem er die Arbeit abliefern musste, in Bezug auf das Thema sehr skeptisch war. Mir wurde klar, dass mein Freund, der Schüler, zum Lehrer seines Lehrers wurde. Dies setzt voraus, dass der Lehrer die Einsicht und Bereitschaft besitzt, seinen Schüler als Lehrer anzuerkennen. In diesem Sinn hat auch ein Schüler Gestaltungsmacht in seinem „Beruf".

Da, wo wir arbeiten und leben, können wir „mächtig" sein und Zukunft gestalten.

Dies wahrzunehmen ist notwendig, damit wir nicht unbewusst Macht ausüben. Meine im Beruf übertragene Gestaltungsmacht ist mein Beitrag zur Weiterentwicklung

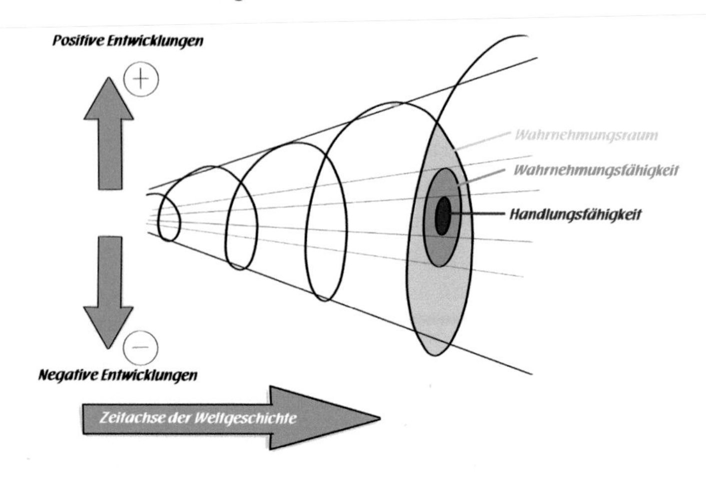

Abb. 13.1 Macht und Ohnmacht wachsen

der Welt – sei es die digitale Transformation, sei es die Pflege eines Menschen, sei es die Reparatur eines Schuhs.

Der Theologe Romano Guardini sagt dazu: „Die Macht des Gestaltens ist eine gute Gabe Gottes – durch sie bin ich Mitgestalter dieser Welt" (Guardini 1957).

In diesem Sinn könnten wir dann auch sagen, dass Künstliche Intelligenz eine gute Gabe Gottes ist, unter der Voraussetzung, dass wir die Gestaltungshoheit auch ausüben und die richtigen Rahmenbedingungen setzen.

Nun stellt sich die Frage, ob das angesichts der Komplexität und Dynamik der Welt noch Sinn macht (Henning 1993). Die Weltentwicklung ist davon gekennzeichnet, dass die Widersprüche wachsen (Abb. 13.1). Unsere Handlungsfähigkeit ist viel besser geworden – wir verstehen und wir können mehr. Gleichzeitig steigt unsere Wahrnehmungsfähigkeit ständig. Wir sind in der Lage, immer mehr Vorgänge auf dieser Welt wahrzunehmen und zu beobachten.

Der Wahrnehmungsraum, also all das, was wir wahrnehmen, wächst aber deutlich stärker als unsere Wahrnehmungsfähigkeit. Es wächst also die Differenz zwischen dem, was wir wahrnehmen sollten, und dem, was wir wahrnehmen können, überproportional. Schon aus reinem Selbstschutz sind wir darauf angewiesen, nicht alles wahrzunehmen, was wir wahrnehmen könnten. Gerade dazu ist die Filterungsstrategie des Homo Zappiens hilfreich.

Anders ausgedrückt: Obwohl unsere Handlungsfähigkeit immer besser wird, steigt die Menge der Dinge, die wir wahrnehmen und bei denen wir es nicht hinbekommen zu handeln, überproportional. Und der Wahrnehmungsraum wächst überproportional im Vergleich zur Wahrnehmungsfähigkeit.

Es wächst also die Macht des Gestaltens und gleichzeitig wächst die Ohnmacht.

Was tun?

Um diese Zukunft verantwortlich zu gestalten, braucht es agile Strukturen und Arbeitsformen, in denen Menschen auf der Basis einer vertrauensvollen Zusammenarbeit trotz aller Komplexität und Dynamik mutig vorangehen, Neues ausprobieren und neue Produkte, Dienstleistungen, Arbeits- und Lebensformen auf den Weg bringen.

> Wer nicht agil, also schnell, flexibel und wendig voller Vertrauen unsere Zukunft im Kleinen oder Großen zu gestalten versucht, hat die Zeichen der Zeit nicht verstanden (Weiler et al. 2018).

Die Gestaltung unserer Zukunft – smart und digital mit Künstlicher Intelligenz – setzt allerdings voraus, dass wir mit der wachsenden Dynaxity[1] umgehen können. Dabei wird zwischen den Dynaxity-Zonen statisch, dynamisch, turbulent und chaotisch unterschieden. Spätestens in der turbulenten Zone sind hierfür sowohl eine hohe sachliche als auch eine hohe emotionale Kompetenz nötig.

Bei steigender Dynaxity neigen wir Menschen dazu, uns in die „Kuschelecke" zu verziehen, in der wir uns alle lieb haben können und in der wir die Wahrheit verdrängen. „Es wird schon nicht so schlimm werden mit der Künstlichen Intelligenz." „Ach was, Sie übertreiben, das ist die Spinnerei von Wissenschaftlern." Oder auch: „Das erleb' ich sowieso nicht mehr, warum soll ich mich denn darum kümmern?" Leider gibt es auch Bemerkungen wie: „Ein Smartphone will und brauche ich nicht."

Diese Haltung kippt in der Regel, wenn einen die Realität einholt und die Stimmung umschlägt. Jetzt zählen nur noch Fakten, Daten und die bittere Realität. Und wenn wir es verpassen, die Systeme der Künstlichen Intelligenz proaktiv verantwortlich zu gestalten, wird uns die bittere Realität schneller einholen als uns lieb ist, indem zum Beispiel chinesische Verfahren und Wertesysteme zum Einsatz von Künstlicher Intelligenz Europa überrollen.

Der goldene Mittelweg liegt in der Balance zwischen Wahrheit und Liebe, ehrlich und emotional, voller Vertrauen und auch mit viel Kontrolle, konfliktfähig und versöhnend. Der steigenden Komplexität und Dynamik kann man nicht durch Vereinfachung, Verdrängen, Nationalismus oder Populismus begegnen.

> Für die Gestaltung der Zukunft der digitalen Transformation sind die Werte Vertrauen, Achtsamkeit und Agilität ein zentraler Schlüssel.

---

[1] https://de.wikipedia.org/wiki/Dynaxity.

Dabei gilt es, in allen Lebensbereichen eine Balance zwischen Liebe und Wahrheit (wieder) zu finden, also das Notwendige zu tun und die betroffenen Menschen in Achtsamkeit und Liebe mitzunehmen.

Einen solchen Weg „vorzuleben“, ist Aufgabe von Führungskräften und Verantwortlichen in allen Bereichen unserer Gesellschaft, seien es Eltern in ihrer Erziehungsaufgabe, seien es Lehrer, Gruppenleiter, Sozialarbeiter, Ärzte, Manager, Politiker usw.

Vertrauen, Agilität und Achtsamkeit sind die drei Werte, die zu einer erfolgreichen Gestaltung des Transformationsprozesses notwendig erscheinen und zwar so, dass sie alle drei gleichzeitig gelebt und umgesetzt werden.

Diese drei Werte basieren auf der jahrzehntelangen Erfahrung im Umgang mit Turbulenz in Organisationen (Henning 2014a). Es gibt sicher noch zahlreiche weitere wichtige Werte, aber der Austausch von Erfahrungen mit Betroffenen zeigte mir immer wieder, dass diese drei Werte die entscheidenden sind, wenn Transformationsprozesse turbulenter Art erfolgreich und mit möglichst wenig unerwünschten Nebeneffekten stattfinden sollen.

Betrachten wir diese drei Werte etwas genauer:

Vertrauen

Eine Kultur des *Vertrauens* ist auf den ersten Blick nichts Neues. Auf den zweiten Blick bedeutet das aber:

Vertrauen in die Hybride Intelligenz, also nicht nur zwischen Menschen, sondern auch zwischen Organisationen, und Vertrauen gegenüber dem, was zwischen Maschinen abläuft. Dieses Spannungsverhältnis beschreibt auch das Vertrauen zwischen den drei juristischen Kategorien – Menschen, Organisationen, Maschinen. Sie müssen nicht nur ethisch, sondern auch juristisch einander neu zugeordnet werden. Verbindliche Regeln des Umgangs miteinander müssen vereinbart werden.

Zwischen Menschen und Organisationen ist uns das vertraut. Menschen sind ja auch Rechtspersonen. Organisationen sind das in ihrer formalen Gestalt ebenfalls – als Aktiengesellschaft, GmbH oder als Verein. Maschinen mit eigenem Bewusstsein müssen erst noch Rechtspersonen werden. Es kommt also eine neue Rechtskategorie hinzu. Und so wie das rechtliche Miteinander von Menschen und Organisationen einmal gut und einmal nicht so gut läuft, wird das auch im Dreiecksverhältnis Mensch, Organisation und Maschine sein.

Es geht aber nicht nur um den rechtlichen Aspekt, sondern um alle Aspekte des (sozialen) Miteinanders von Menschen, Organisationen und Maschinen mit eigenem Bewusstsein, denn sie sind aus systemischer Sicht alle „Lebewesen".

Insbesondere geht es bei den Maschinen mit eigenem Bewusstsein um ihren Erziehungsprozess. Ein Hund muss ja auch erst in die Hundeschule, bevor er zum Beispiel Lawinensuchhund wird. Ebenso muss das vollautomatische KI-Auto, also der Roboter auf vier Rädern, durch eine Fahrschule, in der es in der Gemeinschaft mit anderen vollautomatischen Autos lernt, bevor er auf die Straße bzw. auf die Menschheit losgelassen wird. Man lässt ja auch ein kleines Kind nicht allein auf die Straße. Aber an einem zu vereinbarenden Zeitpunkt von Kompetenzentwicklung und Lernprozessen wird die Maschine mit eigenem Bewusstsein erwachsen und kann und muss für sich selbst verantwortlich werden. Dabei wird eine solche Rechtsperson möglicherweise für Haftungszwecke mit Kapital ausgestattet werden müssen oder es werden geeignete Versicherungssysteme entwickelt.

Wenn eine solche Maschine eine Rechtsperson ist, dann wird sie auch dem Strafrecht unterliegen. Es kann ja nicht ausgeschlossen werden, dass sich unter den vielen selbstfahrenden KI-Autos einige wenige durch Erfahrung und

Erfahrungsaustausch zu einem Fahrer-Rowdy entwickeln. Wenn sie sich intensiv an menschlichen Fahrer-Rowdys orientieren und sich in einem internationalen Netzwerk von KI-Rowdys befinden, ist das schnell passiert.

In solchen Fällen wird es sicher Strafanzeigen gegen autonome KI-Maschinen geben müssen, so wie ich ja auch einen Automobil-Konzern wegen Verletzung der Abgaswerte verklagen kann. Und ein Prozess gegen ein KI-Auto wird dann auch die Möglichkeit haben müssen, ihm die Fahrerlaubnis zu entziehen oder die „Todesstrafe" zu verhängen, sprich, das Fahrzeug aus dem Verkehr zu ziehen. Das moralische Problem der Todesstrafe wird es dabei bei Maschinen der Künstlichen Intelligenz nicht geben. Es sei denn, dass von dem Abschalten einer intelligenten Maschine das Leben oder die Arbeit vieler Menschen bedroht ist. Genauso wie die gerichtlich angeordnete Schließung eines Unternehmens vielen Menschen die Existenzgrundlage entziehen kann.

Der Aufbau einer neuen Vertrauenskultur zwischen Menschen, Organisationen und Maschinen ist also eine ziemlich umfangreiche Aufgabe.

Es braucht eine Kultur des Vertrauens – vertikal und horizontal – zwischen Menschen, Maschinen und Organisationen.

Hinzu kommen die Dimensionen des vertikalen und horizontalen Vertrauens. Viele soziale Systeme des privaten und beruflichen Bereichs sind durch strikte Hierarchien und Abteilungen geprägt. Man traut dem Nachbarn nicht. Man traut dem Kollegen im Nachbarbüro nicht. Man traut dem Kunden nicht. Man traut dem Lieferanten nicht.

Das Gleiche spielt sich zwischen den Hierarchien ab. Man traut den Chefs nicht. Man traut den Mitarbeitern nicht. Man traut den Kindern nicht. Man traut den Eltern nicht.

Die digitale Transformation mit Künstlicher Intelligenz wird jedoch alles mit allem verknüpfen. Die Dinge werden quer zu allen Hierarchien entlang der ganzen Wertschöpfungskette rund um die Welt transparent.

Und erst in diesem Kontext wird klar, was mit der Aussage gemeint ist: Es braucht eine Kultur des Vertrauens – vertikal und horizontal – zwischen Menschen, Maschinen und Organisationen.

Agilität

Ähnlich ist es mit dem zweiten Wert, der *Agilität.* Was heißt Agilität heute?

Der Begriff hat durch Erfahrungen bei der Gestaltung von sehr komplexen Software-Systemen eine neue Qualität erhalten. Wir haben ihn 2002 auf ein Gestaltungsprinzip für Veränderungsprozesse in Systemen mit hoher Turbulenz ausgeweitet. In Anlehnung an das Agile Manifest für die Software-Entwicklung[2] heißt es:

- Wir rücken den Menschen und seine Interaktionen in den Mittelpunkt – mit dem Fokus auf laufende Prozesse.
- Uns sind Individuen und Interaktionen wichtiger als Prozesse und Werkzeuge.
- Uns sind lauffähige Prozesse wichtiger als umfangreiche Dokumentationen.
- Uns ist die Zusammenarbeit mit dem Kunden wichtiger als Vertragsverhandlungen.
- Uns ist es wichtiger, auf Änderungen reagieren zu können, als einen Plan zu verfolgen.

---

[2]In Anlehnung an das Agile Manifest der Software Entwicklung – www.agilemanifesto.org.

Daher messen wir, obwohl die jeweils zweiten Dinge ihren Wert besitzen, den jeweils erstgenannten Dingen höheren Wert zu.

Es braucht Agilität als Gestaltungsprinzip für alle Bereiche des Lebens und Arbeitens in allen Organisationen des öffentlichen und privaten Lebens.

Dieser Ansatz fügt sich gut in das Organisationsverständnis von Stafford Beer (Borowski 2011), der mit dem „Viable System Model" aus den Strukturen des menschlichen Gehirns einen Ansatz abgeleitet hat, wie Organisationsprinzipien des Gehirns in das organisatorische Miteinander von Menschen übertragen werden können. Stafford Beer unterscheidet drei Ebenen: Werte, Prinzipien und „Normen".

Auf der Ebene der Werte sind das die Werte Vertrauen, Agilität und Awareness. Der Wert Agilität wird durch das agile Manifest gut beschrieben. Auf der Ebene der Normen geht es aber um etwas sehr Praxisnahes: Es geht um das Prinzip der kleinen Schritte mit kleinen Lösungen (Henning 2014b).

Als Organisationsprinzip erfolgt der nächste Schritt auf der Basis einer gemeinsamen Sicht der Zukunft durch Vereinbarung von verbindlichen Terminen und Ressourcen. Nicht festgelegt wird jedoch, wie weit ich komme. Es gilt nur die Regel: „Laufe so schnell und gut Du (mit Deinem Team) kannst – im Rahmen der Ressourcen an Menschen, Zeit, Budget, Technik und im Rahmen des vereinbarten Termins. Und dann blicken wir gemeinsam zurück und schauen weiter."

Diese operative Ebene ist sehr nahe an dem Organisationsprinzip Lernen und Erfahrung, Zulassen von Versuch und Irrtum. Sie ähnelt der Arbeitsweise von Maschinen mit eigenem Bewusstsein. Sie ist aber auch aus den Grunderkenntnissen über die Funktionsweise des Gehirns abgeleitet. Rekursive Zyklen der Erkenntnis führen schnell, aber in kleinen Schritten, zum Erfolg.

Dabei arbeitet das Gehirn immer im Team. Jede Schicht von neuronalen Netzen besteht aus einer Unzahl parallel arbeitender Knoten, die miteinander Daten austauschen und sich dabei gegenseitig sogar dämpfen (laterale Inhibition). Sie gewinnen aber gerade durch ihre Arbeit „im Team" schnell an Schärfe der Wiedergabe der gemachten Beobachtung.

Übertragen wir diesen Ansatz auf das Zusammenspiel von Menschen, Organisationen und intelligenten Maschinen, wird deutlich, dass es um ein Miteinander auf Augenhöhe geht. So geht es in den Verwaltungen um abteilungsübergreifendes Handeln. So geht es in der Industrie um das Miteinander von Marketing, Vertrieb, Wartung, Entwicklung und Test. Welch weiter Weg liegt noch zu einem agilen Miteinander vor uns…

Aber es gibt ermutigende Beispiele, wie sich Unternehmen und Staaten agil entwickeln. So sei als Beispiel nochmals das Unternehmen Spotify genannt, das komplett agil aufgebaut ist. Es besteht aus extrem autonomen agilen Teams, die sich zu „Stämmen" gruppieren und das schnelle und enorme Wachstum ermöglicht haben.[3]

Und es gibt das Beispiel Estland mit seinen 1,3 Mio. Einwohnern. Es ist weltweit ein Vorbild für die Digitalisierung der öffentlichen Verwaltung geworden.[4] Sehr viel

---

[3]Spotify Engineering Culture, 27.02.2017. https://www.youtube.com/watch?v=4GK1NDTWbkY.

[4]Strobel, Christoph: Estland auf dem Weg zum digitalen Vorreiter in Europa. In: techtag.de. https://www.techtag.de/business/estland-auf-dem-weg-zum-digitalen-vorreiter-europa/.

kann im Netz abgewickelt werden. So können Estlands Bürger problemlos digital unterschreiben; sie können ihre Krankenakte selbst verwalten. Ein Unternehmer kann aber auch die komplette Unternehmensgründung mit allen Rechtsvorgängen im Netz abwickeln.

Dieses Konzept der „e-residency" könnte man zum Beispiel nach Deutschland importieren. Wir müssen ja alles selbst neu erfinden. Wir brauchen in Deutschland dringend Städte und Regionen, die agile Vorreiter werden und solche Anwendungen rasch einführen.

Achtsamkeit

Es braucht aber zum Dritten *achtsame Wahrnehmungsfähigkeit.* Von den drei Werten für die digitale Transformation ist der Wert der Achtsamkeit in der Umsetzung sicher am schwierigsten.

Dieser Wert verlangt die Fähigkeit, die Komplexität und Dynamik meiner Umgebung entspannt aushalten zu lernen, ohne zu verdrängen, ohne wütend oder deprimiert zu werden. Vor allem aber geht es darum, nicht in Handlungspanik zu verfallen, nach dem Motto „Außer mir kann's keiner" (Henning 2015).

Sachlich weite und emotionale Wahrnehmung mit einem großen Herzen verlangt entspannte Wahrnehmung. Das erfordert mehr:

Zum Managen von Systemen mit hoher Dynaxity braucht es Intelligenz, Sensibilität und „Faulheit"; Letzteres im Sinne von entspannter Wahrnehmung, Reflexionsfähigkeit und Verankerung im eigenen Sinn des Lebens – entspannt, in sich ruhend, sich selbst findend, meditierend, betend.

Es braucht die Kunst der Achtsamkeit (Awareness), die wachsende Dynaxity nicht verdrängt, sondern entspannt wahrnimmt, aushält und auf den Handlungsreflex „Jetzt muss ganz schnell was gemacht werden!" verzichtet.

Bringt man aber die drei Werte Vertrauen, Agilität und Achtsamkeit zusammen und fängt an, sie gemeinsam zielgerichtet umzusetzen, hat man eine gute Chance, dass die digitale Transformation mit KI-Systemen gelingt.

Kernprozesse integriert gestalten

Dabei gilt es, drei Dinge in Richtung der erwünschten Ziele zu bringen und die Rahmenbedingungen zwischen Menschen, Organisationen und Maschinen, also die Hybride Intelligenz, zu gestalten (Abb. 13.2) (Henning und Meinecke 2017):

- Die Aufgaben-Kernprozesse von Menschen, Organisationen und KI-Systemen müssen auf ein gemeinsam vereinbartes und gelebtes Ziel, nämlich den Zweck einer Organisation, ausgerichtet sein.
- Die Einstellungen, die ethischen Werte und die Verhaltenskultur für alle drei „Systeme" – also den Individuellen Kernprozess – müssen ebenfalls auf das gemeinsame Ziel ausgerichtet sein. Damit ist wiederum

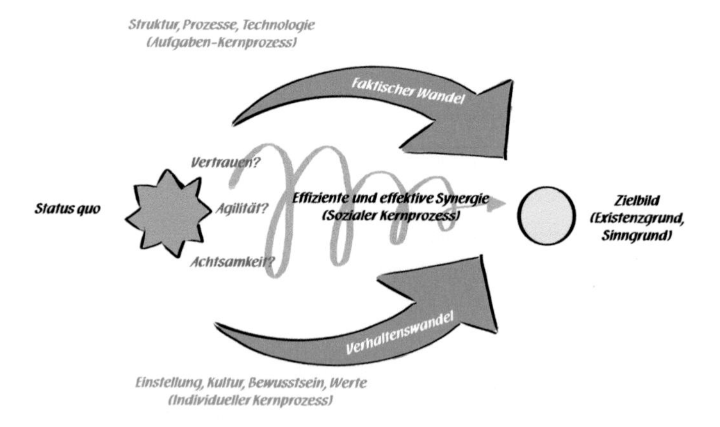

Abb. 13.2 Die Kernprozesse des OSTO-Systemmodells (https://de.wikipedia.org/wiki/OSTO-Systemmodell)

nicht nur der Mensch, sondern auch der „individuelle“ Prozess einer Organisation und der individuelle Prozess einer KI-Maschine mit eigenem Bewusstsein gemeint.

- Der Soziale Kernprozess, der das Miteinander in der Hybriden Intelligenz ausmacht, also das Miteinander von Menschen untereinander, Maschinen untereinander, das Miteinander zwischen Menschen und Maschinen ist schließlich der entscheidende Faktor für eine erfolgreiche Transformation. Dazu gehört aber auch das Miteinander der digitalen Schatten, aller Beteiligten und ihrer Kommunikation untereinander und ihren jeweiligen realen Partnern.

Diese Hybride Intelligenz sollten wir positiv gestalten:

- Die Systemgrenzen von Staaten, den öffentlichen Ordnungssystemen, von Unternehmen und Institutionen aller Art (öffentliche Ämter, Kirchen, Vereine) werden sich unter dem Einfluss Künstlicher Intelligenz dramatisch verändern.
- Demokratische Kontrollstrukturen – vielleicht nach dem Vorbild der sozialen Marktwirtschaft und des deutschen Demokratiemodells – müssen in die Systeme der Künstlichen Intelligenz Eingang finden.

Es betrifft alle Ebenen – die einzelne Person, die Familie, die kommunalen Strukturen, die Unternehmen, die Behörden, die großen Konzerne, unsere Rechtssysteme und den Staat. Das ist die Aufgabe bei der inversen Gutenberg-Revolution. Es ist eine Jahrhundert-Aufgabe, die hoffentlich keine 100 Jahre benötigen wird, damit wir weniger Turbulenzen haben als unsere Vorgänger zu Zeiten der Gutenberg-Revolution.

Literatur

Borowski, E. (2011). Agiles Vorgehensmodell zum Management komplexer Produktionsanläufe mechatronischer Produkte in Unternehmen mit mittelständischen Strukturen. VDI. Reihe 16, Düsseldorf: Technik und Wirtschaft.

Guardini, R. (1957). *Die Macht – Versuch einer Wegweisung*. Würzburg: Werkbund.

Henning, K. (1993). *Spuren im Chaos. Christliche Orientierungspunkte in einer komplexen Welt*. München: Olzog.

Henning, K. (2014a) Wir haben über viele Jahre in Change-Projekten, die wir begleitet haben, nach Erfolgsfaktoren gesucht. Hintergründe dazu In K. Henning (Hrsg.) *Die Kunst der kleinen Lösung*. Hamburg: Murmann.

Henning, K. (2014b). *Die Kunst der kleinen Lösung. Wie Menschen und Unternehmen die Komplexität meistern*. Hamburg: Murmann.

Henning, R. (2015). *Die-Ego Falle – 7 Möglichkeiten Ihr Geschäft zu ruinieren*. Hamburg: Murmann.

Henning, K., & Meinecke, M. (2017) Das OSTO-Modell für Organisationsentwicklung und die Kunst der kleinen Lösung. In A. Deister et al. (Hrsg.) Krankenhausmanagement in Psychiatrie und Psychotherapie. Berlin: MVW.

Roth, L. (2019). Selbstlernende Algorithmen durch Neuroevolution, Köln.

Weiler, A., Savelsberg, E., & Dorndorf, U. (2018). Agile Optimierung von Unternehmen. Haufe Freiburg.

Nachwort: Macht Künstliche Intelligenz Gott überflüssig?

Yuval Harari (2018), einer der weltweit bekannten Historiker, schreibt in seinem Buch *21 Lektionen für das 21. Jahrhundert*: „Moral bedeutet nicht, sich an ‚göttliche Gebote zu halten'. Es bedeutet, ‚Leid zu verringern'."

Aber brauchen wir überhaupt noch die Frage nach Gott, wenn wir unser Bewusstsein durch die Menge der intelligenten KI-Maschinen erweitern? Yuval Harari sieht uns auf einem Weg, auf dem wir Menschen zu Göttern werden. Es entstehe der „Homus Deus" (Harari 2017), der wissende und verstehende Mensch, der letztendlich in der Lage sein wird, alle menschlichen Grundfragen zu lösen.

Immer wieder in der Geschichte haben Menschen versucht, die Frage nach Gott zu den Akten zu legen. Das ist jedoch nicht so einfach.

Der französische Philosoph und Theologe Pierre Teilhard de Chardin hat in seinem Buch *Die Entstehung des Lebens* 1950 den Begriff der Noosphäre geprägt. Damit

K. Henning, *Smart und digital*,
https://doi.org/10.1007/978-3-662-59521-3

meint er eine geistige Sphäre, die die Herausbildung von Kultur und Individualität prägt.

Mit Blick auf die Zukunft schreibt er zu einem Zeitpunkt, als noch niemand an die digitale Transformation durch Maschinen mit Künstlicher Intelligenz dachte (Teilhard de Chardin 2005):

„Vom Menschen (ab dem letzten und höchsten Punkt dieser Evolution *ersten Grades*) … geht es um Gebilde, die berechnet werden, sich gegenseitig ergänzen und sich miteinander verbinden. Haben wir es hier nicht mit einer Evolution zu tun, die ihre Kräfte zu einem Vorstoß ganz neuer Art zusammenfasst, der erst dadurch möglich wurde, dass diese Evolution sich ihrer selbst bewusst wurde? mit einer Evolution *zweiten Grades*, einer bewussten Evolution ? …"

Folgt man diesem Gedankengang, dann könnte man die derzeitige Entwicklung zu Hybrider Intelligenz als eine Erweiterung des menschlichen Gehirns betrachten. Das liegt sehr nahe an dem Ansatz von Yuval Harari und den Diskussionen um Cyborgs[1]. Damit sind Mischwesen („cybernetic organism") gemeint, in denen Roboter und KI-Systeme Teil des Menschen werden.

Ist der Mensch am Ende der Entwicklung eine einzige hybride Intelligenz, unabhängig davon, ob sich die mit dem Menschen integriert zusammenarbeitenden KI-Systeme in der Umgebung des Menschen befinden oder sogar als technische Systeme im Menschen implantiert sind? Der Theologe Volker Jung schreibt dazu (Jung 2018): „Die Digitalisierung vergöttlicht den Menschen und sie beraubt ihn damit zugleich seiner selbst. Unklar bleibt in Hararis Konstruktion, welche Handlungsspielräume wirklich gegeben sind."

---

[1]https://de.wikipedia.org/wiki/Cyborg.

Wenn man die Welt aus den Bausteinen Materie, Energie und Informationen betrachtet, dann ist der entscheidende Handlungsspielraum des Menschen sein Umgang mit Informationen als die entscheidende gestaltende Kraft (Henning 1993). Diesen Ansatz beschreibt die Bibel zu Beginn des Johannesevangeliums. Danach beginnt die Entstehung der Welt mit dem Satz: „Am Anfang war das Wort." Für das dabei im Griechischen verwendete Wort „Logos" könnte jedoch auch das Wort „Information" passen. Dabei ist es hilfreich, das Wort „Information" im naturwissenschaftlichen Sinn als ein Maß für Chaos und Ordnung zu betrachten.

Aus diesem Blickwinkel könnte man folgern, dass Gott in der Vielfalt der Information im Menschen selbst wohnt. „Und das Wort wurde Fleisch und wohnte unter uns."[2] Da wir aber inzwischen wissen, dass unser Bewusstsein – zumindest was das P-Bewusstsein angeht – auch im Körper verteilt ist, könnte man davon ausgehen, dass Gott in allem wohnt, was eigenes Bewusstsein entwickeln kann. In diesem Sinn gäbe es eine Hybride Intelligenz zwischen Gott und dem Menschen.

Wenn also göttliche Präsenz im Bewusstsein des Menschen „wohnt", dann könnte sie auch in dem Bewusstsein von Tieren und in dem Bewusstsein von Maschinen wohnen.

Folgt man dann der Idee der Evolution zweiten Grades von Teilhard de Chardin, dann würde Gott ja auch in den Objekten mit eigenem Bewusstsein wohnen. Dann wäre aber auch möglich, dass sich der „Heilige Geist" auch in den Netzwerken der Objekte mit eigenem Bewusstsein ausbreitet. Hybride Intelligenz zwischen Menschen und KI-Systemen wäre dann auch auf der Ebene des Glaubens ein interessanter Partner.

---

[2](Anm: „Heiliger Geist" ist eine Person der dreieinigen Gottheit).

Wenn es darum geht, mit weltweit vereinbarten ethischen Werten, also einer neuen Moral, „Leid zu verringern“, dann wäre es vielleicht nicht ganz verkehrt, über eine Hybride Intelligenz von Menschen und Systemen der Künstlichen Intelligenz in der Gemeinschaft mit Gott nachzusinnen. Es heißt ja im Johannesevangelium, dass sich Gottes Sohn, Jesus Christus, mitten in das Leid der Welt gestellt habe.

Wir hätten dann doch einen Ansatz zur Verringerung des Leides dieser Welt in der Hybriden Intelligenz von Menschen, Maschinen und Gott in einer Art gemeinsamem erweiterten Bewusstsein.

Anmerkungen

Die Zugriffe auf Internetquellen erfolgten im Zeitraum Februar bis Mai 2019.

Literatur

Harari, Y. (2017). *Homo Deus. Eine Geschichte von Morgen.* München: Beck.

Harari, Y. (2018). *21 Lektionen für das 21. Jahrhundert* (S. 267). München: Beck.

Henning, K. (1993). *Spuren im Chaos: christliche Orientierungspunkte in einer komplexen Welt* (S. 19). München: Olzog.

Teilhard de Chardin, P. (2005). *Die Entstehung des Menschen* (S. 117). München: Beck.

Jung, V. (2018). *Digital Mensch bleiben* (S. 35). München: Claudius.

Printed in the United States
By Bookmasters